utb 4899

Eine Arbeitsgemeinschaft der Verlage

Brill | Schöningh – Fink · Paderborn
Brill | Vandenhoeck & Ruprecht · Göttingen – Böhlau · Wien · Köln
Verlag Barbara Budrich · Opladen · Toronto
facultas · Wien
Haupt Verlag · Bern
Verlag Julius Klinkhardt · Bad Heilbrunn
Mohr Siebeck · Tübingen
Narr Francke Attempto Verlag – expert verlag · Tübingen
Psychiatrie Verlag · Köln
Ernst Reinhardt Verlag · München
transcript Verlag · Bielefeld
Verlag Eugen Ulmer · Stuttgart
UVK Verlag · München
Waxmann · Münster · New York
wbv Publikation · Bielefeld
Wochenschau Verlag · Frankfurt am Main

Prof. Dr. Serge Ragotzky ist Professor an der Fakultät Betriebswirtschaft und Internationale Finanzen der Hochschule für Wirtschaft und Umwelt Nürtingen-Geislingen.

Prof. Dr. Frank Andreas Schittenhelm ist Professor für Internationales Finanzmanagement an der Hochschule für Wirtschaft und Umwelt Nürtingen-Geislingen.

Süleyman Toraşan lehrt neben seiner Tätigkeit als Akademischer Mitarbeiter der School of International Finance (SIF) an mehreren Hochschulen in Baden-Württemberg, unter anderem in den Fächern Marketing, Corporate Finance und Organisation.

Serge Ragotzky
Frank Andreas Schittenhelm
Süleyman Toraşan

Business Plan
Schritt für Schritt

Arbeitsbuch mit eLearning-Kurs

3., überarbeitete und aktualisierte Auflage

UVK Verlag · München

Umschlagabbildung: © alphaspirit · iStockphoto

Bibliografische Information der Deutschen Nationalbibliothek
Die Deutsche Nationalbibliothek verzeichnet diese Publikation in der Deutschen Nationalbibliografie; detaillierte bibliografische Daten sind im Internet über http://dnb.dnb.de abrufbar.

3., überarbeitete und aktualisierte Auflage 2023
2., überarbeitete und aktualisierte Auflage 2020
1. Auflage 2018

DOI: https://doi.org/10.36198/9783838560618

– ein Unternehmen der Narr Francke Attempto Verlag GmbH + Co. KG
Dischingerweg 5 · D-72070 Tübingen

Internet: www.narr.de
eMail: info@narr.de

Einbandgestaltung: siegel konzeption | gestaltung
CPI books GmbH, Leck

utb-Nr. 4899
ISBN 978-3-8252-6061-3 (Print)
ISBN 978-3-8385-6061-8 (ePDF)
ISBN 978-3-8463-6061-3 (ePub)

MIX
Papier aus verantwortungsvollen Quellen
FSC® C083411

Vorwort zur dritten Auflage

In die dritte Auflage haben wir das Thema Nachhaltigkeit aufgenommen. Dies spiegelt zum einen die Bedeutung nachhaltiger Ansätze in der Unternehmensrealität wider, zum anderen dient es einer Einordnung von Nachhaltigkeitsmaßnahmen im Zuge einer realistischen, an wirtschaftlichen Parametern orientierten Unternehmensführung. Es ist in diesem Zusammenhang offensichtlich, dass mit nachhaltigkeitsorientierten Entscheidungen in der Praxis häufig veränderte Risikoeinschätzungen verbunden sind. Höheren Investitionen stehen eventuell geringere Risiken gegenüber. Um eine systematische Kosten-Nutzen-Abwägung zu ermöglichen, haben wir daher auch das Kapitel über Risikoanalysen deutlich erweitert. Als weitere Anwendungsmöglichkeit für Business Pläne beschäftigen wir uns zudem erstmals mit Mitarbeiterbeteiligungen. Im Rahmen einer Fallstudie illustrieren wir dabei auch den Nutzen einer planungs- und bewertungsbasierten Mitarbeiterbeteiligung für Unternehmen, Gründer und beteiligte Angestellte. Die Beispiele wurden überarbeitet und weitere Fallstudien hinzugefügt.

Trotz der mit einigen der oben genannten Themen verbundenen höheren mathematischen Komplexität waren wir bestrebt, unser Buch auf einem auch für Praktiker stets verständlichen theoretischen Niveau zu belassen, das keine vertieften Mathematikkenntnisse voraussetzt.

Vorwort zur zweiten Auflage

Zur Zeit der Fertigstellung der 2. Auflage unseres Buches *Business Plan: Schritt für Schritt* im Sommer 2020 befindet sich die ganze Welt im Banne der Corona-Krise. Die Auswirkungen der Pandemie auf die Weltwirtschaft insgesamt sowie auf die Geschäftstätigkeit einzelner Unternehmen sind noch gar nicht absehbar. Es ist aber bereits klar, dass die wirtschaftlichen Folgen gravierend sein werden und eine kurz- und mittelfristige Planung der Umsätze und Kosten für die meisten Branchen und Unternehmen extrem erschwert werden. Viele Branchen wie Reise und Tourismus erleben dramatische Absatzeinbrüche, andere Wirtschaftszweige wie die Medizintechnik profitieren hingegen.

Aus der Corona-Krise folgt aber nicht, dass eine Planung der Geschäftstätigkeit obsolet geworden wäre. Ganz im Gegenteil, es ist für viele Unternehmen angesichts einer angespannten Liquiditätslage und eines veränderten Finanzierungsumfelds sogar überlebenswichtig geworden, sich vertiefte Gedanken über die weitere Entwicklung des wirtschaftlichen Umfeldes und deren konkreten Folgen für die eigene Tätigkeit zu machen. Es ergeben sich viele neue, drängende Fragen für die Unternehmensführung, die eine Planung beeinflussen, wie zum Beispiel die folgenden:

- Wie verändern sich das Nachfrageverhalten und die Zahlungsfähigkeit meiner Kunden?
- Wie lange wird ein etwaiger Umsatzeinbruch anhalten?
- Wie zuverlässig sind meine Lieferanten in der Krise?
- Wie wird sich die Konkurrenz künftig verhalten, muss ich zum Beispiel mit Preiskämpfen rechnen, die meine Margen belasten werden?
- Kann ich mich auf meine Finanzierungspartner weiter verlassen?
- Kann ich alternative Finanzierungsmöglichkeiten finden, z.B. durch Kredite und Förderungen der öffentlichen Hand?

All diese Fragen müssen sorgfältig analysiert und in ihrer Auswirkung auf die Unternehmensplanung eingeschätzt werden. Um wieviel Prozent wird sich mein Umsatz voraussichtlich im laufenden und im nächsten Jahr reduzieren? Welcher Umsatzverlustanteil wird zu einem späteren Zeitpunkt und wann nachgeholt werden? Wie werden sich meine Zahlungsausfälle verändern? Banken, Business Angels oder auch staatliche Geldgeber werden angesichts der vielen Unwägbarkeiten erst recht darauf bestehen, dass ein Unternehmen eine fundierten Business Plan vorlegt, bevor sie Kapital bereitstellen. Möglicherweise empfiehlt es sich, aufgrund der Unsicherheit der Rahmenbedingungen, mehrere Planszenarien zu bilden. Dadurch kann einem Kapitalgeber gegebenenfalls aufgezeigt werden, dass das Unternehmen oder die Geschäftsidee auch bei widrigen Rahmenbedingungen Erfolg verspricht.

Wir hoffen daher darauf, dass auch die zweite Auflage unseres Buches auf rege Nachfrage stoßen wird. Wir haben uns bei der Überarbeitung bemüht, den Text noch anschaulicher zu formulieren, damit er auch für Studierende unterer Semester und für Praktiker ohne vertiefte Vorkenntnisse eine Orientierungshilfe bietet. Zur Veranschaulichung haben wir zudem einige Fallbeispiele ergänzt.

Vorwort zur ersten Auflage

Betriebswirtschaftliches Denken ist gekennzeichnet durch das ständige Treffen von Entscheidungen. Es sind Entscheidungen, die sich stets im Spannungsfeld von erhofftem Erfolg (ausgedrückt beispielsweise durch Umsatz oder Rendite) und Risiko (im Sinne eines Nichteintretens der geplanten Entwicklungen) bewegen. Gerade in unternehmerischen Phasen großer Unsicherheit in Bezug auf die zukünftige Entwicklung wünscht sich der Entscheider zuverlässige Informationen, um Risiken zu reduzieren. Indes ist der Blick in die Glaskugel leider auch mit den besten Methoden nicht möglich. Möglich und sinnvoll ist es hingegen, durch eine systematische Vorgehensweise möglichst alle Einflussfaktoren zu berücksichtigen und in gewisser Weise abzubilden und zu bewerten. Genau diese Aufgabe übernimmt ein Business Plan. Systematisch werden alle relevanten Aspekte einer Entscheidung aufbereitet, analysiert und bewertet. Das Ergebnis ist eine zusammenfassende Darstellung und Entscheidungshilfe.

Das vorliegende Lehrbuch richtet sich sowohl an Studierende, die eine Hilfestellung im Rahmen einer entsprechenden Lehrveranstaltung benötigen als auch an Praktiker, die entweder als Entscheider Business Pläne vorgelegt bekommen oder diese selbst erstellen müssen.

Das erste Ziel dieses einführenden Lehrbuchs ist es, einen Überblick über mögliche bzw. von Entscheidern auch erwartete Inhalte eines Business Planes zu geben. Das Verständnis wirtschaftlicher Zusammenhänge spielt hierbei eine nicht unwesentliche Rolle, so dass wir versuchen, dieses durch einen entsprechenden theoretischen Hintergrund zu vermitteln oder zu erweitern. Insbesondere gilt dies für den finanzwirtschaftlichen Teil. Diesen theoretischen Teil haben wir als Exkurs gekennzeichnet und so aufgebaut, dass er in einem ersten Schritt – für den Schnellleser – übersprungen werden kann. Die detaillierte Auseinandersetzung mit den finanzwirtschaftlichen Aspekten hilft indes, Anwendungsmöglichkeiten und Grenzen von Business Plänen zu erkennen und besser zu verstehen.

Vielleicht noch mehr als die theoretischen Grundlagen steht für uns jedoch die praktische Relevanz im Vordergrund. Die im Buch verwendeten Übungsaufgaben sind dementsprechend auf Anwendungsfälle konzentriert. Typischerweise ist die Erstellung der Business Pläne durch sehr viel Recherche gekennzeichnet, die oftmals bei der Ergebnispräsentation nicht mehr relevant ist oder nur kurze Erwähnung findet. Business Pläne münden meist in Präsentationen vor inhomogenen Entscheidergruppen und/oder in einer schriftlichen Ausarbeitung. An dieser Erwartungshaltung soll dieses Lehrbuch ausgerichtet sein. Die meisten Übungsaufgaben in den verschiedenen Kapiteln sind als Anregung zum Nachdenken konzipiert. Da es nach unserem Verständnis hier niemals eine allein gültige Antwort geben kann, verzichten wir dort bewusst auf eine Art Musterlösung, die nur zu falschen Schlüssen führen würde. Für den Finance-Teil stellen wir ein kleines Excel-Tool zur Verfügung. Dies hat den Vorteil, dass die beschriebenen Fälle besser nachvollziehbar sind.

Diese zum Ausdruck gebrachte Interdependenz von theoretischem Wissen und praktischen Anwendungsmöglichkeiten macht die Betriebswirtschaftslehre als Ganzes so reizvoll. Für die Erstellung von Business Plänen gilt dies im Besonderen, da hier nahezu alle für unternehmerische Entscheidungen relevanten Aspekte berücksichtigt werden. Wir wünschen viel Spaß beim Durcharbeiten des Buches und freuen uns auf jede Form der Resonanz.

Zu diesem Buch gibt es einen ergänzenden eLearning-Kurs aus ca. 70 Fragen.

Mithilfe des Kurses können Sie online überprüfen, inwieweit Sie die Themen des Buches verinnerlicht haben. Gleichzeitig festigt die Wiederholung in Quiz-Form den Lernstoff.

Der eLearning-Kurs kann Ihnen dabei helfen, sich gezielt auf Prüfungssituationen vorzubereiten.

Der eLearning-Kurs ist eng mit vorliegendem Buch verknüpft. Sie finden im Folgenden zu den wichtigen Kapiteln QR-Codes, die Sie direkt zum dazugehörigen Fragenkomplex bringen. Andersherum erhalten Sie innerhalb des eLearning-Kurses am Ende eines Fragendurchlaufs neben der Auswertung der Lernstandskontrolle auch konkrete Hinweise, wo Sie das Thema bei Bedarf genauer nachlesen bzw. vertiefen können. Diese enge Verzahnung von Buch und eLearning-Kurs soll Ihnen dabei helfen, unkompliziert zwischen den Medien zu wechseln, und unterstützt so einen gezielten Lernfortschritt.

Inhaltsübersicht

Inhaltsverzeichnis

Schritt 1: Business Planning – warum eigentlich?

Die Lernfragen zu diesem Kapitel finden Sie unter:
https://narr.kwaest.io/s/1145

Lernziele

Im ersten einführenden Kapitel erhalten Sie einen Überblick über Ziele des Business Planning und die möglichen Anwendungsfelder. Die wesentlichen Inhalte eines Business Plans werden skizziert und typische Adressaten eines Business Plans werden vorgestellt. Eine kritische Auseinandersetzung mit Chancen und Risiken, die durch ein unreflektiertes Übernehmen der Ergebnisse eines Business Plans verbunden sind, runden das Kapitel ab.

1.1 Ziele eines Business Plans

Business Pläne werden heute in vielen betriebswirtschaftlichen Situationen nachgefragt, beispielsweise innerhalb eines Innovationsprozesses, bei Investitionsentscheidungen oder bei Kreditanfragen. Ziel ist es, die wirtschaftlichen Rahmenbedingungen möglichst ganzheitlich zu erfassen und damit eine fundierte Entscheidungsgrundlage zu schaffen, sei es, um eine Investition zu tätigen, eine Finanzierung zu genehmigen oder eine Innovation weiterzuentwickeln. Damit lassen sich vier wesentliche Ziele eines Business Plans formulieren:

- Unterstützung bei Investitionsentscheidungen durch Reduktion von Komplexität und Erhöhung der Transparenz insbesondere bei Umsatz- und Kostenprognosen
- Überzeugung und Gewinnung von Kapitalgebern
- Schaffung von Entscheidungsgrundlagen bei potenziellen Innovationen
- Basis für zukunftsorientierte Unternehmensbewertungen

1.1.1 Beherrschung von Komplexität

Investitionen sind allgemein Ausgaben, die erst nach einem zeitlichen Verzug einen Rückfluss erwarten lassen. Die Investition kann monetär erfolgen, aber auch in einem persönlichen zeitlichen Engagement bestehen. In jedem Fall wird sich ein Investor die Frage stellen, ob die entsprechende Investition einen ausreichenden Nutzen generiert. Grundsätzlich erwarten wir zwar in aller Regel einen monetären Nutzen, dies muss aber nicht unbedingt sein. Insofern ist an dieser Stelle der Terminus Nutzen angebrachter als der der Rendite.

An was kann sich ein Investor nun bei seiner Entscheidung orientieren? Entscheidungen sind schwierig, weil sie komplex sind. Viele unterschiedliche Aspekte gilt es zu berücksichtigen, und in einigen Fällen ist eine quantitative Bewertung kaum sinnvoll möglich. Vor- und Nachteile einer Investition sind abzuwägen. „Mein Bauchgefühl sagt mir" ist nicht umsonst eine gern verwendete Redensart. Das „Bauchgefühl" umgeht die aufwendige Festlegung von Entscheidungskriterien und die systematische Suche nach Informationen und deren Analyse.

Gerade letzteres ist hingegen das Ziel eines Business Plans. Der Ersteller wird gezwungen oder zwingt sich selbst zu einer systematischen Vorgehensweise bei der Vorbereitung der Investitionsentscheidung. Diese ist gekennzeichnet durch die Erfassung aller durch die Investition tangierten Bereiche und anschließend durch eine objektive Entscheidungsregel. Es ist zwar nicht in jedem Fall notwendig, gerade bei größeren Investitionen hat sich aber zwischenzeitlich in der Praxis ein Verfahren durchgesetzt, bei dem versucht wird, dies anhand der Modellierung des Unternehmens mit Hilfe der Rechnungslegung darzustellen. Im vorliegenden Lehrbuch orientieren wir uns daran.

Beispiel

Beim Kauf eines neuen Autos könnten folgende Kriterien Ihre Entscheidung beeinflussen:

- Preis und Finanzierungsmöglichkeiten
- Verfügbarkeit
- Ökobilanz
- Farbe und Ausstattung
- Markenimage

Die „Rückflüsse" aus Ihrer Investitionsentscheidung sind eher nicht-monetärer Art: Schnelligkeit, Transportmöglichkeiten, Klimaschutz, Sich-wichtig-fühlen etc.

Merke

Investitionsentscheidungen sind häufig durch große Komplexität gekennzeichnet. Aufgabe und Ziel des Business Plans ist es, diese Komplexität beherrschbar zu machen und eine neutrale Entscheidung für oder gegen die Investition zu treffen.

Übungsaufgabe 1.1

Sie planen den Kauf einer Immobilie. Diskutieren Sie mit Freunden und Verwandten, welche Entscheidungskriterien wichtig sind. Wo ergeben sich konkurrierende Interessen?

1.1.2 Gewinnung von Kapitalgebern

Eine Investition setzt per definitionem voraus, dass eine Finanzierung vorliegen muss. Das können eigene Mittel (Eigenkapital) sein oder aber – wie meist – Finanzierungen durch Dritte (Fremdkapital). Der Business Plan dient dazu, die potenziellen Kapitalgeber von der Profitabilität (d.h. Rentabilität) und der Sicherheit ihrer gegebenen Finanzierung zu überzeugen. Im unternehmerischen Umfeld unterscheidet man hierzu zwischen Eigenkapital und Fremdkapital. Diese Unterscheidung ist dahingehend wichtig, als dass die Erwartungshaltung und Zielsetzung der beiden Kapitalgeber divergiert. Der Eigenkapitalgeber ist am Gewinn des Unternehmens beteiligt, trägt aber auch das Risiko des Scheiterns. Der Fremdkapitalgeber erhält typischerweise eine Kompensation in Form einer regelmäßigen Zinszahlung. Außerdem sind Mittel, die als Fremdkapital zur Verfügung gestellt werden, zeitlich befristet.

	Eigenkapital	Fremdkapital
Kompensation	Dividende, Betrag nicht festgelegt, evtl. unregelmäßig	Zinszahlung, Betrag festgelegt, regelmäßig
zeitliche Befristung aus Sicht des Unternehmens	keine	i.d.R. begrenzte Laufzeit
zeitliche Befristung aus Sicht des Kapitalgebers	gegeben durch Sekundärmarkt	nur z.T. gegeben durch Sekundärmarkt
Steuern aus Sicht des Unternehmens	Dividenden stellen keinen Aufwand dar	Zinszahlungen stellen Aufwand dar
Steuern aus Sicht des Kapitalgebers	Dividendenerträge sind zu versteuern	Zinserträge sind zu versteuern
Risiko aus Sicht des Unternehmens	Geringer, da keine Rückzahlung notwendig	Rückzahlungsschwierigkeiten können zur Insolvenz führen
Risiko aus Sicht des Kapitalgebers	höher, deshalb Erwartung einer höheren Rendite	geringer, deshalb Erwartung einer geringeren Rendite

Abb. 1.1: Vergleich Eigen- und Fremdkapital

Der Fremdkapitalgeber bewertet einen Business Plan demzufolge anders als der Eigenkapitalgeber. Für den Fremdkapitalgeber steht die Solvabilität des Unternehmens im Vordergrund, große Unsicherheiten bezüglich der zukünftigen Entwicklungen sind eher unerwünscht. Der Eigenkapitalgeber hingegen orientiert sich stärker an den vorhandenen Renditechancen, wenngleich er das der Finanzierung innewohnende Risiko nicht vernachlässigen sollte. Zudem ist das von einem Eigenkapitalgeber geforderte Rendite-Risiko-Profil in hohem Maße von dem Entwicklungsstadium des Unternehmens abhängig. Start-ups, die noch keine Umsätze generieren, bergen ein viel größeres Risiko als etablierte Unternehmen, die sich schon lange am Markt bewiesen haben, und nur für eine Expansion zusätzliches Kapital benötigen. Entsprechend wird die Renditeerwartung an das Start-up höher sein.

Merke

Ein Business Plan informiert über die Entwicklung einer Investition und dient dazu, Kapitalgeber davon zu überzeugen, dass eine Finanzierung sicher und rentabel ist.

Übungsaufgabe 1.2

Sie präsentieren einem potenziellen Geldgeber Ihren Business Plan. Was dürfte für den Geldgeber besonders wichtig sein? Bewerten Sie die nachfolgenden Finanzierungsformen hinsichtlich der Wichtigkeit (sehr wichtig – wichtig – neutral – unwichtig – sehr unwichtig) der gegebenen Entscheidungskriterien.

Finanzierungsform aus Sicht des Kapitalgebers	**Entscheidungskriterium**				
	Geschäftsmodell	Marketingstrategie	Risikoanalyse	Liquiditätsplanung	Steuer
Aktienerwerb					
Erwerb von GmbH-Anteil					
Bereitstellung von Venture-Capital					
Gewährung eines Bankkredits					
Zeichnung einer Anleihe					
Gewährung einer Mezzanine-Finanzierung					

1.1.3 Entscheidungsunterstützung im Innovationsprozess

Innovationen lassen sich grob in Produkt- und Prozessinnovationen einteilen. Produktinnovationen sind zumeist die nach außen deutlich sichtbareren: die Erfindungen von Auto, Flugzeug, Telefon oder Computer haben die Welt verändert. Prozessinnovationen hingegen führen meist zu Kosteneinsparungen und damit größerer Wettbewerbsfähigkeit in einem bereits bestehenden Markt. Hier sei beispielsweise an die Fließbandfertigung unter Henry Ford gedacht. Innovationen spielen bei wirtschaftlichem Handeln stets eine zentrale Rolle. Nur durch ständige Innovationen bleibt man als Unternehmen langfristig wettbewerbsfähig.

Roman Stöger umschreibt in seinem Buch „Innovationsmanagement" das selbige kurz als „Neues zum Markterfolg führen". Wirtschaftlicher Erfolg spielt demnach für ihn immer die herausragende Rolle, Innovationsmanagement heißt aber auch „Führen", und so werden in fast allen Unternehmen auch strukturierte Innovationsprozesse eingeführt. Diese sind fast immer dadurch gekennzeichnet, dass Innovation im Laufe des Prozesses bestimmte Kriterien erfüllen müssen, um weiter entwickelt zu werden. Man spricht von einem Stage-Gate-Prozess (vgl. Abbildung 1.2). Gleichzeitig versucht man gerade bei der Ideengewinnung, dem sogenannten „Fuzzy-Front-End", die Kreativität nicht zu stark einzuschränken. Das gelingt allerdings nicht immer.

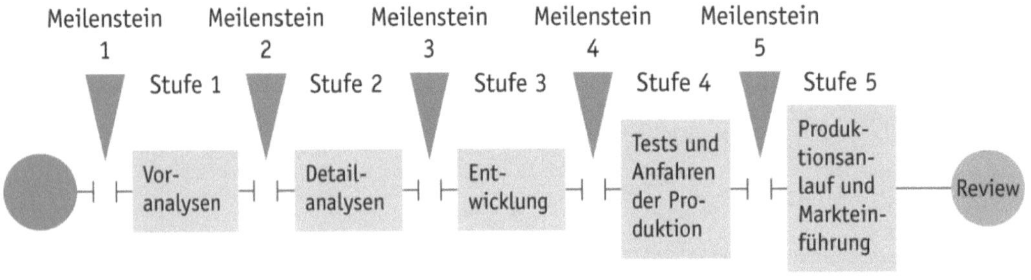

Abb. 1.2: Stage-Gate-Prozess nach Cooper (Quelle: Kleinschmitt, E./ Geschka, H./ Cooper, R.: Produktinnovationen an Markt und Kunden ausrichten, Berlin 1996, S. 52f.)

Die Entscheidung, ob eine Idee eine weitere Stufe im Innovationsprozess erklimmt, kann naturgemäß leicht geprägt sein von persönlichen Interessen und Sichtweisen. Deshalb tun Unternehmen gut daran, diese Entscheidungen möglichst anhand transparenter und möglichst objektiver Kriterien vorzunehmen. Ein Business Plan kann hierbei unterstützen. Im obigen Stage-Gate-Prozess wird man zumeist zwischen Stufe 2 und 3 einen fundierten Business Plan erwarten.

Merke

Moderne Innovationsprozesse sind heute durch eine stufenweise Vorgehensweise gekennzeichnet. Auf jeder Stufe muss eine Entscheidung getroffen werden, ob eine Idee weiterverfolgt werden soll. Business Pläne unterstützen diese Entscheidung.

Übungsaufgabe 1.3

Diskutieren Sie folgendes Zitat von Albert Einstein im Zusammenhang mit den oben gemachten Ausführungen.

„Eine wirklich gute Idee erkennt man daran, dass ihre Verwirklichung von vornherein ausgeschlossen erschien."

Welche Gefahren liegen in einer zu starren Orientierung an Business Plänen bei der Bewertung, ob Ideen Innovationspotenzial besitzen?

1.2 Anwendungsfälle

Grundsätzlich können Business Pläne immer dann Anwendung finden, wenn betriebswirtschaftliche Entscheidungen zu treffen sind. Dies kann monetäre Investitionen betreffen, aber auch strategische Entscheidungen, die keine direkten Investitionen implizieren, können durch Business Pläne unterstützt bzw. gefestigt werden. Wir wollen uns auf folgende Fälle konzentrieren:

- Neugründung eines Unternehmens (Start-up)
- Gründung von Tochterunternehmen

- Projektbewertung
- Wachstumsfinanzierung
- Unternehmensverkauf

Merke

Business Pläne können vielfältig eingesetzt werden. Sie dienen der Entscheidungsunterstützung und sollten alle relevanten Informationen berücksichtigen. Die Kunst bei der Erstellung eines Business Plans liegt im Hinzuziehen von Experten und der anschließenden Erstellung einer in sich geschlossenen Symbiose aller gesammelten Informationen.

1.2.1 Neugründungen

Gerade für Start-ups ist die detaillierte Auseinandersetzung mit der eigenen Geschäftsidee fundamental. Getrieben von der eigenen unternehmerischen Idee neigt man zu einer einseitigen positiven Sichtweise. Chancen werden typischerweise deutlich überschätzt, Risiken und Kosten unterschätzt oder häufig sogar komplett vernachlässigt und ignoriert. Ein Business Plan mit seiner systematischen Abarbeitung aller betriebswirtschaftlich relevanten Themen hilft, diese Lücke zu schließen. Ein hehrer Anspruch, wie etwa dass bei höchster Qualität auch ein sehr niedriger Preis gewährleistet werden kann, stellt sich dann meist als unmöglich dar. Nichtsdestotrotz zeigt sich, dass trotz ehrlicher Bemühungen Kosten tendenziell meist unterschätzt werden.

Der Vorteil liegt hierbei weniger in der Cent-genauen Bewertung, die meistens nicht möglich ist, sondern in dem Zwang, alle Aspekte einer Neugründung zu hinterfragen.

Übungsaufgabe 1.4

Spielen Sie den Fall einer Unternehmensgründung anhand eines Restaurants durch. Was gibt es hierbei zu beachten? Welche Produkte möchten Sie verkaufen? Welche Lieferanten versorgen Sie mit den passenden Zutaten? Welche Preispolitik betreiben Sie? Wie machen Sie auf sich aufmerksam? Wo wollen Sie Ihr Restaurant eröffnen? Was kommt finanziell auf Sie zu? Was gibt es sonst noch zu beachten?

1.2.2 Gründung von Tochterunternehmen

Die Gründung von Tochterunternehmen dient zumeist der Erschließung neuer Märkte. Dies kann sich auf neue Produkte beziehen, aber auch auf eine regionale Expansion. Beides stellt etablierte Unternehmen vor neue Herausforderungen, da Kenntnisse über den neu zu adressierenden Markt zumeist noch nicht in ausreichendem Maße vorhanden sind. Sollen Investitionen in bisher nicht bedienten Ländern getätigt werden, müssen auch lokale rechtliche und wirtschaftliche Rahmenbedingungen berücksichtigt werden, die regelmäßig das Hinzuziehen von externer Expertise verlangen.

Übungsaufgabe 1.5

Als deutsches Unternehmen (beispielhaft sind hier die Alfred Kärcher SE & Co. KG und die Stihl Holding AG & Co. KG genannt) entschließen Sie sich, ein Tochterunternehmen in einem weiteren, bisher nicht bedienten Land zu gründen. Analysieren Sie, welche Kriterien bei der Investitionsentscheidung in welcher Form relevant sind.

	Kärcher	Stihl	eigenes Beispiel
Standort			
Patentschutz			
Personal			
Zulieferer			

…			
…			
…			
…			

1.2.3 Projektbewertung

Projekte können als interne Unternehmensgründungen angesehen werden. Insofern sind die Übergänge fließend. Dementsprechend gelten bei Projekten grundsätzlich ähnliche Anforderungen an Business Pläne wie bei Neugründungen und Gründungen von Tochterunternehmen, allerdings ist die Komplexität oftmals geringer. Marketingaspekte und Finanzierungsfragen stehen bei Projektbewertungen i.d.R. weniger im Vordergrund und der Fokus richtet sich eher auf Kostenaspekte und Renditebetrachtungen.

Übungsaufgabe 1.6

Als Projektmanager bei einem führenden deutschen Automobilhersteller werden Sie mit der Markteinführung eines neuen Modells beauftragt. Inwieweit unterscheidet sich diese Aufgabe (Projekt) von einer Neugründung?

1.2.4 Wachstumsfinanzierung

Viele junge Unternehmen weisen angesichts hoher Wachstumsraten große Chancen auf, deren zeitnahe Realisierung aber vom Einsatz zusätzlichen (oft externen) Kapitals abhängt. Dieses Wachstumskapital wird oft auch mit dem angelsächsischen Ausdruck „Growth Capital“ bezeichnet. Wachstumsunternehmen können mindestens durch erste Umsätze belegen, dass für ihre Produkte ein Markt vorhanden ist, also ein sogenannter „proof of concept“ erfolgt ist. In einigen Fällen erzielen Wachstumsunternehmen sogar bereits Gewinne, haben also den „break-even“ erreicht.

Durch den Nachweis erster Erfolge erschließen sich diese Unternehmen im Vergleich etwa zu noch umsatzlosen Start-ups (sog. „Pre-revenue-Unternehmen“) einen breiteren Investorenkreis, weil die Investitionsrisiken nun schon etwas genauer eingeschätzt werden können. Die Gewinnung dieser Investoren wird durch einen Business Plan erleichtert, wenn dieser transparent macht, wie zusätzliche Finanzmittel das Wachstum beschleunigen und helfen, eine größere Gesamtrendite zu erzielen. Konkret wird z.B. erläutert, wie vorhandene Produktsortimente erweitert oder neue regionale Absatzmärkte mit zusätzlichem Werbeaufwand schneller erobert werden können.

Übungsaufgabe 1.7

Ihr junges E-Commerce-Unternehmen verkauft Nahrungsergänzungsmittel (Vitamine und Mineralstoffe) per online-Bestellung an Kunden in Deutschland, Österreich und der Schweiz. Sie möchten als nächstes aus Deutschland heraus ohne Gründung eines Tochterunternehmens in die Niederlande verkaufen. Wie entscheiden Sie, welche Produkte Sie dort zuerst verkaufen? Wofür müssen Sie zusätzliche Kosten antizipieren? Worauf müssen Sie besonders achten?

1.2.5 Unternehmensverkauf

Viele Unternehmer wollen sich irgendwann aus Altersgründen zurückziehen oder auf andere unternehmerische und private Aktivitäten konzentrieren. Wenn nicht zufällig im eigenen Umfeld eine geeignete Person (z.B. ein eigenes Kind) die Nachfolge antreten kann und möchte, kommt es meistens zum Unternehmensverkauf. Auch große Konzerne verkaufen häufig Tochtergesellschaften, wenn sie sich auf Kernaktivitäten konzentrieren wollen.

Die Erstellung eines Business Plans, die häufig auf bereits vorhandenen internen Planungen und Budgets aufsetzen kann, hilft dem Eigentümer, den Unternehmenswert und etwaigen Verkaufserlös besser einschätzen zu können. Auch für einen möglichen Käufer oder Investor ist der Business Plan hilfreich, weil er die künftigen Umsätze und Kosten transparenter macht sowie die daraus ableitbaren Zahlungsüberschüsse und deren Barwert zu plausibilisieren hilft. Dadurch wird der potentielle Käufer in die Lage versetzt, den intrinsischen Unternehmenswert und etwaige Synergiepotenziale mit bereits vorhandenen Geschäftsfeldern zu ermitteln. Selbstverständlich wird er die Annahmen des Business Plans kritisch hinterfragen und möglicherweise auch an einigen Stellen korrigieren. Aber auch im Falle derartiger Korrekturen liefert der Business Plan eine wertvolle Basis für seine Investitionsentscheidung. Da vielfach ein Unternehmenskauf anteilig mit Bankkrediten finanziert wird, ist dieser auch für die kreditgebende(n) Bank(en) von Interesse.

Ein vom Verkäufer erstellter oder beauftragter Business Plan sollte die getroffenen Annahmen detailliert und verständlich darstellen. Der Detaillierungsgrad sollte genügen, um legitime Nachfragen (z.B. nach Absatzzahlen, Produktinnovationen, Preisveränderungen oder Umsatzaufschlüsselungen nach Produkten) überzeugend zu beantworten. Die Prämissen sollten so bestimmt werden, dass der Plan weder als unrealistisch optimistisch noch als zu vorsichtig erscheint. Ein zu großer Optimismus treibt zwar eine Bewertung nach oben, hilft aber nicht, wenn die Glaubwürdigkeit dadurch verloren geht. Zudem ist es üblich, Kaufpreise und Managementvergütungen an künftige Erträge zu koppeln.

1.2.6 Mitarbeiterbeteiligung

Die Anwerbung und die Motivation qualifizierter Mitarbeiterinnen und Mitarbeiter sind für viele Unternehmen ein entscheidender Erfolgsfaktor. Insbesondere Wachstumsunternehmen in technologiegetriebenen Branchen stehen permanent im Wettbewerb um Talente. Mit einer echten oder virtuellen Beteiligung am Unternehmen werden Angestellte zu Mitunternehmern gemacht, die somit an Steigerungen des Unternehmenswertes partizipieren und einen erhöhten Anreiz bekommen, ihr gesamtes Leistungsvermögen einzubringen. Folgende Argumente werden häufig als Gründe für die Einführung von Mitarbeiterbeteiligungen angeführt:

- **Wertschätzung von Leistungsträgern**, um diese langfristig zu binden und Fluktuation/ Abwerbungen zu vermeiden
- **Gewinnung** und **langfristige Bindung** neuer und talentierter Mitarbeiter – Herausforderung vor allem im Bereich IT / Softwareengineering
- **Interessen** von Mitarbeitern und **Anteilseignern** werden **in Einklang** gebracht – Etablierung möglicher Nachfolger für das Top-Management
- Realisierung von **Steuervorteilen,** möglicherweise Reduzierung der Personalkosten
- Sicherung der **Wettbewerbsfähigkeit**, viele **Konkurrenten** offerieren ebenfalls attraktive Beteiligungsmöglichkeiten
- **Steigerung** der **Unternehmensattraktivität für potenzielle Käufer**

Kapitalbeteiligungen sind in der Wachstumsphase des Unternehmens für die Mitarbeiter besonders attraktiv, weil zu diesem Zeitpunkt die Unternehmensbewertung in der Regel noch niedrig ist. Erfolgreiche Technologieunternehmen wie Google, Facebook und Apple haben einer großen Zahl ihrer Mitarbeiterinnen und Mitarbeitern frühzeitig Beteiligungen angeboten. Diese Beteiligungen haben vor allem nach dem Börsengängen der Unternehmen erhebliche Wertzuwächse erfahren und so viele der Begünstigten auch mit kleinen Investments zu Millionären gemacht. Andere Unternehmen wie zum Beispiel WhatsApp und Instagram haben ihre beteiligten Mitarbeiter im Rahmen eines vorbörslichen Unternehmensverkaufs reich gemacht. Auch in Deutschland erfreuen sich Mitarbeiterbeteiligungsmodelle einer wachsenden Beliebtheit, insbesondere bei dynamischen Start-up-Unternehmen.

1.3 Inhalte eines Business Plans

Business Pläne lassen sich zumeist auf zwei Kernfragen reduzieren: Gibt es einen Markt für das/die Produkt(e) (oder die Geschäftsprozessänderung) und rechnet es sich wirtschaftlich? Gerne spricht man auch von einer Marketing-Komponente und einer finanzwirtschaftlichen Komponente. Bei der Beantwortung beider Kernfragen ist allerdings häufig ein Blick über den Tellerrand erforderlich. Beispielhaft seien rechtliche Rahmenbedingungen und Standortfaktoren, wie etwa Transportwege und vorhandene Zulieferer und Kunden, genannt.

1.3.1 Gibt es einen Markt?

Im Rahmen des Business Plans stehen drei klassische Marketingthemen im Vordergrund. Zunächst eine **Marktanalyse**, die neben der Gesamtmarkteinschätzung auch eine Marktsegmentierung beinhalten sollte. Für ein gewähltes Marktsegment kann ein eher strategisches **Marketing-Konzept** abgeleitet werden, das schließlich in einem konkreten **Marketing-Mix** endet. Der Marketing-Mix orientiert sich im Rahmen von Business-Plänen meist an den sogenannten 4Ps, d.h. Product, Price, Place, Promotion. Der Einsatz weiterführender Konzepte ist selbstverständlich möglich (vgl. hierzu detailliert Kapitel 3).

Es stellt sich zum einen die Frage, welcher Markt in welcher Größe vorhanden ist und welchen Marktanteil das Unternehmen halten oder gewinnen kann. Gleichzeitig erfordert die Gewinnung eines Marktanteils den richtigen oder zumindest darauf abgestimmten Marketing-Mix. Diese Interdependenz zwischen Marktanalyse und Marketing-Mix macht die obige Aufgabe deutlich schwieriger als es auf den ersten Blick erscheinen mag.

Merke

Die Qualität eines Business Plans steht und fällt mit der Konsistenz der getroffenen Annahmen. Marktanalysen sind die Basis für sinnvolle Marketing-Strategien und den angestrebten Marketing-Mix. Hierauf aufbauend können die finanziellen Auswirkungen abgeschätzt werden.

Übungsaufgabe 1.8

Sie planen eine neue Schokolade im deutschen Markt zu platzieren. Wie groß ist der Markt heute und wie schätzen Sie den Markt in der Zukunft ein? Wie viele Tafeln könnten Sie pro Jahr verkaufen? Welcher Marktanteil lässt sich hieraus ableiten?

Übungsaufgabe 1.9

Welche Merkmale (Marketing-Mix) würden Sie für die Schokolade aus Übungsaufgabe 1.8 vorsehen? Hinterfragen Sie anschließend die Annahmen und Aussagen, die Sie dort getroffen haben. Sollten Änderungen vorgenommen werden?

Produktmerkmale	
Preisstrategie	
Vertriebsstrategie	
Vermarktung	
Sonstiges	

1.3.2 Rechnet sich die Investition?

Bei den meisten Business Plänen geht es darum, die Wirtschaftlichkeit einer Entscheidung zu überprüfen, d.h. man stellt die Investitionen den Rückflüssen gegenüber. In der Regel ist eine solche quantitative Vorgehensweise möglich. In diesem Lehrbuch liegt der Schwerpunkt auf einer methodischen Vorgehensweise, die als Abschluss die quantitative Bewertung anhand von Kriterien aus der Investitionsrechnung ermöglicht.

Hierzu wird die Entwicklung eines Unternehmens bzw. eines Projekts über mehrere Jahre hinweg modelliert. Aus Transparenzgründen erfolgt dies meist anhand von Plan-Bilanzen und Plan-GuVs. Ziel ist allerdings die Bestimmung von Kapitalflüssen (Cash Flows), die durch die Investition entstehen. Wie viel Geld muss in ein Projekt (oder Unternehmen) gesteckt werden und wann bekommt man was zurück? Aus den gegebenen Plan-Bilanzen und Plan-GuVs lässt sich dies leicht ableiten. Diese so ermittelten Kapitalflüsse können dann mit herkömmlichen betriebswirtschaftlichen Methoden aus der Investitionsrechnung (Barwert und Interner Zins) bewertet werden.

Neben der eher langfristen Betrachtungsweise auf Basis von zukünftigen Kapitalflüssen gilt es, auch eine kurzfristige Betrachtung auf Basis der Liquiditätssituation durchzuführen. Dies lässt sich dadurch erklären, dass zwar langfristig Rückflüsse die ursprünglichen Investitionen deutlich kompensieren können, dass aber zwischenzeitlich massive Liquiditätsengpässe auftreten können. Solche werden durch die oben erwähnten Methoden (Barwert und Interner Zins) allerdings nicht erfasst.

Zusammenfassend heißt dies, dass ein guter Business Plan folgende finanzwirtschaftlichen Aspekte beinhalten sollte:

- Plan-Bilanz
- Plan-GuV
- Cash Flow Rechnung
- Bewertung der Cash Flows
- Liquiditätsplan
- Risikobewertung

Ausgangspunkt für die Geschäftsplanung eines bereits im Markt etablierten Unternehmens ist in der Regel die Bilanz und GuV des letzten Geschäftsjahres. Bei Neugründungen sind geeignete Annahmen über die notwendigen Investitionen im ersten Geschäftsjahr (z.B. für Maschinen und Büroausstattung) und deren Finanzierung zu treffen. Aus diesen Annahmen leitet sich dann die erste Bilanz ab. Bei der Umsatzplanung von Neugründungen empfiehlt es sich, auf Monatsbasis zu planen, weil der Markteintritt selten unmittelbar am Jahresanfang stattfindet und am Anfang, beispielsweise verursacht durch Lieferverzögerungen und andere „Kinderkrankheiten", selten das volle Umsatzpotenzial ausgeschöpft werden kann.

Merke

Die Wirtschaftlichkeit stellt eine Grundvoraussetzung für jegliche wirtschaftliche Entscheidung dar. Die Wirtschaftlichkeit kann aus monetärer Sicht anhand von Kriterien der Investitionsrechnung bewertet werden. Allerdings ist zu berücksichtigen, dass Planzahlen stets einer Unsicherheit unterworfen sind. Außerdem können weitere Aspekte nicht-monetärer Art von Bedeutung sein. Insofern sollten sowohl positive als auch negative Ergebnisse aus der rein monetären Sicht stets kritisch hinterfragt werden.

Für Fälle, bei denen eine rein monetäre Bewertung nicht sinnvoll ist oder erscheint, können andere Methoden herangezogen werden. Beispielhaft geschieht dies im vorliegenden Lehrbuch anhand einer Nutzwertanalyse für die Standortwahl im folgenden Kapitel.

Übungsaufgabe 1.10

Sie planen die Verlagerung einer Produktionsstätte. Welche nicht monetären Aspekte könnten bei der Bewertung dieses Vorhabens eine Rolle spielen? Analysieren die Fragestellung für ein Unternehmen aus dem Maschinenbau und für einen Softwareentwickler.

1.3.3 Wesentliche Annahmen

Einem Business Plan liegen vielfältige Annahmen zugrunde. Die Plausibilität des Plans hängt davon ab, ob diese Annahmen transparent gemacht und schlüssig begründet werden. Zu den wichtigsten Annahmen zählen:

- **Geplante Daten für wesentliche Meilensteine:** Datum der Gründung, voraussichtliche Patenterteilung oder Genehmigung, Markteintritt u.v.a
- **Annahmen zum Marktumfeld:** Marktwachstum, Konkurrenzsituation, Änderungen rechtlicher Rahmenbedingungen etc.
- **Wachstumsrate des Umsatzes:** Im Detailplanungszeitraum sollte das Wachstum jährlich und basierend auf einem Preis-Mengengerüst für die einzelnen Produkte geschätzt werden, danach kann es ggfs. vereinfacht an die wirtschaftliche Entwicklung (Branchenwachstum, Bruttosozialprodukt, Inflation) gekoppelt sein.
- **Wachstumsrate der Kosten:** Einige Kosten fallen einmalig (neues IT-System) an, andere wachsen proportional zum Umsatz (z.B. Wareneinsatz), wieder andere entwickeln sich sprungfix (z.B. Einstellung neuer Mitarbeiter)

- **Sonstige Annahmen:** Beispielhaft werden Annahmen benötigt für die Entwicklung der Wechselkurse, Tarifabschlüsse, Rohstoffpreise und technologische Entwicklung im Planungszeitraum.

1.3.4 Weitere Aspekte

Wenngleich die beiden vorherigen Kapitel den Schwerpunkt eines Business Plans darstellen, sind weitere Aspekte nicht zu vernachlässigen. Sinnvoll sind stets

- Management Summary,
- Hand-out und
- Anhang.

Ein Management Summary fasst die wesentlichen Ergebnisse auf möglichst einer Seite zusammen und zieht Schlussfolgerungen. Ein Hand-Out ist bei Präsentationen hilfreich und ermöglicht dem Zuhörer auf Informationen zurückzugreifen. Die Orientierung an den präsentierten Folien ist durchaus sinnvoll, allein um Inkonsistenzen zu vermeiden. Der Anhang umfasst alle Detailinformationen, die nicht Teil des eigentlichen Business Plans geworden sind, aber dennoch interessant sein können oder als Beleg dienen. Oft werden im Anhang detaillierte Berechnungen beigefügt, deren Wiedergabe im Hauptteil nicht für alle Zuhörer/Leser von Relevanz wäre oder den Rahmen sprengen würde. Der Anhang hilft aber, etwaige konkrete Nachfragen plausibel zu beantworten.

Weitere Bestandteile eines Business Plans sind die Beschreibung des eigentlichen Vorhabens (Business Case), die Nennung und Vorstellung der Beteiligten sowie ein aussagekräftiger Projektplan. Darüber hinaus können Themen wie etwa Rechtsform des Unternehmens, rechtliche Aspekte, Standortwahl, Finanzierungsoptionen etc. von Bedeutung sein.

Der Aufbau einer Business Plan Präsentation (wird je nach Kontext in der Praxis auch als Informationsmemorandum, Fact Book, Pitch Deck oder Unternehmenspräsentation bezeichnet) ist abhängig von den vorhandenen Informationen, dem bereits vorhandenen Wissensstand der Adressaten und der mit der Erstellung verbundenen spezifischen Zielsetzung. Dennoch wollen wir hier eine kurze Standardgliederung erklären:

[1] Management Summary

[2] Unternehmensinformationen (bzw. allgemeine Projektinformationen/ Business Case)

[3] Produkte und Leistungen

[4] Markt und Wettbewerb

[5] Finanzen

[6] Anhang

Diese Gliederung greift alle oben genannten Inhalte auf. Wichtig ist zu beachten, dass die Marketingaspekte im Kapitel Markt und Wettbewerb und die Zahlen einschließlich der zugrunde liegenden Annahmen im Kapitel 5 Finanzen dargestellt werden. Die Kapitel 2 und 3 helfen dem Adressaten des Business Plans, ein Grundverständnis vom Unternehmensaufbau (Rechtsform, Standort, Historie, falls bereits vorhanden, Kunden etc.) und dem vorhandenen oder geplanten Leistungsangebot (Produkte, Marken, Patente etc.) zu gewinnen. Der Marketingplan sowie der Finanzteil können ohne diese Basisinformationen nicht verstanden bzw. hinsichtlich ihrer (geplanten) finanziellen Auswirkungen plausibilisiert werden. Das Management Summary ist wie der Name ausdrückt eine Zusammenfassung und wird daher, obwohl es das erste Kapitel darstellt, in der Regel erst ganz zum Schluss erstellt.

Merke

Der Autor eines Business Plans sollte stets vorab prüfen, ob bestimmte Aspekte vernachlässigt werden können. Es bietet sich an, sich dazu in die Rolle des Lesers eines Business Plans, des Zuhörers bei einer Präsentation oder die eines Entscheiders hineinzuversetzen und insbesondere zu überlegen, welche Fragen der Zuhörer noch haben könnte.

Übungsaufgabe 1.11

Sie bekommen einen Business Plan für ein Start-up im Bereich Bio-Nahrungsmittel präsentiert, haben aber nur Zeit, das Management Summary durchzulesen. Was interessiert Sie? Welche Informationen sind für Sie unverzichtbar?

1.4 Adressaten eines Business Plans

Inhalte und Schwerpunkte eines Business Plans sind stets an den Adressaten auszurichten. Zum einen sollen alle potenziellen Fragen durch einen Business Plan beantwortet werden zum anderen kann zu viel Komplexität aber auch überfordern und dadurch nachteilig sein. Versteht beispielsweise ein potenzieller Geldgeber technische Details eines Produktes und versteht andererseits der Techniker Aspekte aus der Marktanalyse und der Rechnungslegung? Schnell wird klar, dass es kaum gelingen kann, durch einen Business Plan stets alle Interessenten zufrieden zu stellen. Trotzdem lehrt die Erfahrung, dass die eingängige Analyse der potenziellen Adressaten mit zu den wichtigsten Elementen bei der Erstellung des Business Plan gehört. Grundsätzlich hilft schon die Aufteilung in verschiedene Kategorien (Management Summary, Hauptteil, Anhang) dabei, inhaltliche Schwerpunkte zu setzen.

Wir unterscheiden im Groben drei Adressatengruppen:

- Unternehmensentscheider
- Kapitalgeber und den
- Ersteller selbst

Der Ersteller eines Business Plans muss sich zunächst darüber im Klaren sein, welche Ziele er mit dem Business Plan verfolgt, und daraus abgeleitet, welche Adressaten er ansprechen will und muss.

Merke

Die adressatengerechte Darstellung der Ergebnisse eines Business Plans stellt einen wesentlichen Erfolgsfaktor dar. Zuhörer und Leser neigen dazu, schnell Informationen zu filtern, und konzentrieren sich auf Dinge, die ihnen bekannt sind und die sie durch ihren eigenen Erfahrungsschatz gut bewerten können.

1.4.1 Unternehmensentscheider

Als Unternehmensentscheider können alle diejenigen verstanden werden, die am Entscheidungsprozess innerhalb des Unternehmens beteiligt werden. Grundsätzlich muss dies nicht an eine Hierarchiestufe gebunden sein. Auch Fachkräfte spielen häufig eine wichtige Rolle als Berater der Führungskräfte und treffen somit oft eine Vorentscheidung, an welche sich ihre Vorgesetzten halten. Insbesondere bei der Präsentation von Business Plänen neigt man als Externer dazu, vor allem den oberen Hierarchien Aufmerksamkeit zu schenken. Fachkräfte decken aber leicht Kompetenzdefizite auf und sehen sich gerade bei externen Erstellern von Business Plänen häufig in einer Art Konkurrenzsituation. Kritik kann hier als eine Möglichkeit angesehen werden, vor den eigenen Chefs als besonders kompetent dazustehen. Falls möglich, sollte der Ersteller sich deshalb vorab über alle Teilnehmer der Business Plan Präsentation erkundigen.

Auch innerhalb der höchsten Führungsebenen sollte niemals von einer einstimmigen Bewertung ausgegangen werden. Es ist durchaus üblich, dass unterschiedliche Voreingenommenheit besteht. Diese Voreingenommenheit kann sich auf den Ersteller des Business Plans beziehen, aber auch auf das zu beurteilende Projekt.

Merke

Die Entscheider im Unternehmen stellen in aller Regel eine extrem inhomogene Gruppe dar. Es ist ratsam, so viele Informationen wie möglich über die Zusammensetzung der Entscheidungsgremien und ihrer Beeinflusser einzuholen.

Richtet sich der Business Plan an Unternehmensentscheider, so ist man entweder von diesen beauftragt worden (sowohl intern als auch extern) oder man kommt als externer Berater mit einer neuen Idee ins Unternehmen. Im ersten Fall ist man damit meist einer gewissen Erwartungshaltung ausgesetzt, im zweiten Fall ist man stark von einem Eigeninteresse an einer Umsetzung geleitet und neigt selbstverständlich zu einer „Schönfärbung".

1.4.2 Kapitalgeber

Kapitalgeber, also Finanzierer von Projekten und Unternehmen, orientieren sich in der Regel an den drei zueinander in Konkurrenz stehen Anlagezielen Rentabilität, Sicherheit und Liquidität. Man spricht vom magischen Dreieck der Kapitalanlage. Diese Orientierung ist unabhängig davon, ob es sich im konkreten Fall um einen Eigen- oder einen Fremdkapitalgeber handelt.

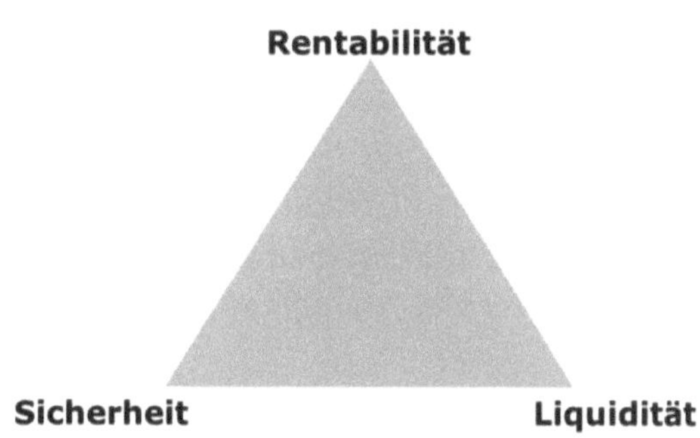

Abb. 1.3: Magisches Dreieck der Kapitalanlage

Die meisten Investitionsentscheidungen, zu deren Unterstützung Business Pläne erstellt werden, bieten eher geringe Sicherheit (vor allem bei unerprobten Start-ups ist das Risiko des Scheiterns groß). Die Liquidität des Kapitals ist gering, insbesondere wenn es sich um Eigenkapitalinvestitionen handelt, weil die erworbenen Unternehmensanteile oft nicht fungibel sind. Entsprechend sollte der Business Plan dem Investor zur Kompensation eine angemessene Rendite in Aussicht stellen.

Die erzielbare Rendite ist aus dem Business Plan abzuleiten. Häufig ist aber die produkt- bzw. projektspezifische Kompetenz bei Kapitalgebern eher gering. Ihr Hauptaugenmerk liegt darin, die Plausibilität und Konsistenz der gemachten Annahmen zu überprüfen. Passt die Marktanalyse mit den getroffenen Annahmen im Finanzteil überein? Warum gibt es ein Produkt oder eine Dienstleistung nicht schon? Wird es schnell Nachahmer geben? Wie kann eine Produktidee geschützt werden? Ist die Risikoanalyse fundiert und deckt sie alle relevanten Felder ab? Häufig zieht der Kapitalgeber auch noch externe Experten heran, um seine eigene Einschätzung zu validieren.

Merke

Kapitalgeber sind grundsätzlich daran interessiert, die drei konkurrierenden Anlageziele in Einklang zu bringen. Ein Schwerpunkt bei der Bewertung von Business Plänen liegt in der Konsistenz der getroffenen Annahmen.

Richtet sich der Business Plan an Kapitalgeber, so ist der Ersteller letztendlich an einer Finanzierung interessiert und wird auch hier zu einer „Schönfärbung“ neigen. Allerdings darf andererseits davon ausgegangen werden, dass Kapitalgeber dies entsprechend voraussetzen und einkalkulieren.

1.4.3 Der Ersteller selbst

Man mag zwar eine gewisse Voreingenommenheit unterstellen, das Hinterfragen der eigenen Geschäftsidee kann aber gerade auch in einem fortlaufenden Prozess durchaus sinnvoll sein. Viele Start-ups sind bei dieser Aufgabe eher nachlässig und sehen einen Business Plan als Hindernis oder überflüssigen Ballast bei der Realisierung einer Geschäftsidee an. Der Business Plan stellt jedoch das genaue Gegenteil dar. Die fundierte Analyse hilft dem Ersteller unternehmerische Fehler zu vermeiden und richtige Entscheidungen zu treffen.

Merke
Business Pläne helfen Start-ups und Innovationsmanagern, Stolpersteine auf dem Weg zum Erfolg frühzeitig zu erkennen. Business Pläne können somit dazu beitragen, Investitionen richtig zu steuern, Prozesse anzupassen und zu verbessern und die Marktorientierung zu stärken.

Richtet sich der Business Plan an den Ersteller, so versucht er seine Gedanken zu schärfen und die eigene Geschäftsidee kritisch zu hinterfragen. Im Idealfall wird er mit möglichst realistischen Annahmen arbeiten.

1.5 Kritik an Business Plänen

Die häufigste Kritik an Business Plänen richtet sich gegen die fehlende Genauigkeit dieser. Belegt wird dies einfach dadurch, dass sich die Prognosen der Business Pläne im Wesentlichen nie mit der späteren Realität decken. Dem ist entgegenzuhalten, dass dies zwar wünschenswert wäre, ein Business Plan aber stets nur den Kenntnisstand zum Zeitpunkt der Erstellung widerspiegelt. Insofern ist es mehr als verständlich, dass die Prognosen von den späteren Ergebnissen abweichen. Man kann dies auch als ein Lernen aus dem Business Plan interpretieren. Risiken und Schwachstellen, die im Rahmen des Business Plans erkannt werden, können frühzeitig beseitigt bzw. behoben werden und eingeplante Sicherheitsmargen kommen nicht zum Tragen.

Gelegentlich wird von Kritikern auch die Planbarkeit der Zukunft an sich in Frage gestellt. Gerade bei Start-ups hängt der Erfolgseintritt von der Bestätigung einer oder mehrerer zentraler Annahmen ab, auf deren Realisierung das Unternehmen manchmal noch nicht einmal einen direkten Einfluss hat. Ein Biotech-Unternehmen ist zum Beispiel auf klinische Testerfolge und regulatorische Genehmigungen und Patenterteilungen angewiesen. Start-ups wie Uber und Airbnb sahen sich in vielen Städten und Ländern mit unerwarteten staatlichen Verboten konfrontiert. Dennoch kann der Business Plan auch hier helfen, durch die Herausarbeitung der Annahmen und eine Zuordnung von Eintrittswahrscheinlichkeiten eine wesentlich bessere Entscheidungsgrundlage zu schaffen.

Merke
Die Güte eines Business Plans zeigt sich nicht darin, dass die Ergebnisse später genau wie geplant eintreten, sondern darin, dass keine relevanten Aspekte für die zukünftige Realisierung vergessen bzw. vernachlässigt wurden.

Übungsaufgabe 1.12

Sie präsentieren Ihrem Banker einen Business Plan, um einen Kredit zur Finanzierung Ihres Vorhabens gewährt zu bekommen. Er argumentiert, dass Ihre Rechnungen auf unsicheren Annahmen beruhen, und es ohnehin anders kommt als geplant. Versuchen Sie seine Bedenken zu zerstreuen. Wie argumentieren Sie?

Eigene Notizen

Schritt 2: Grundlegende Betrachtungen

Die Lernfragen zu diesem Kapitel finden Sie unter:
https://narr.kwaest.io/s/1146

Lernziele

In diesem Kapitel erfahren Sie im Detail, welche Inhalte einen Business Plan bilden. Einleitend werden der Business Case, die Beteiligten und die geplante schrittweise Vorgehensweise bei der Realisierung des Vorhabens beschrieben. Darüber hinaus lernen Sie, welche Kriterien bei der Standortwahl eines Unternehmens berücksichtigt werden sollten. Anschließend werden die möglichen Rechtsformen behandelt, so dass Sie in der Lage sind, Vor- und Nachteile bei der Wahl der Rechtsform abzuwägen. Ergänzend erfahren Sie, welche wirtschaftlichen Auswirkungen verschiedene Formen von Unternehmensverbindungen bewirken und inwieweit diese ein Unternehmenswachstum ermöglichen und unterstützen können. Schließlich rundet ein Blick auf mögliche Finanzierungsoptionen die einleitenden Betrachtungen ab.

Ein Business Plan kann im Einzelfall sehr viele verschiedene Aspekte beinhalten. Der oder die Ersteller eines Business Planes müssen stets entscheiden, welche Informationen für den Entscheider wichtig und relevant sind. Die nachfolgenden Aspekte können dazu gehören, sind es aber nicht zwingend, weil sie eventuell als klar oder selbstverständlich vorausgesetzt werden können. In jedem Fall ist es für den Ersteller des Business Plans sinnvoll, etwas Zeit für eine kurze Reflexion einzuplanen, um nicht einen wichtigen Aspekt zu vernachlässigen oder gar zu vergessen. Unerfahrene Ersteller sollten sich insbesondere vor Präsentationen mit den wesentlichen Rahmenbedingungen vertraut machen, um nicht in unerwünschte Situationen zu geraten.

Im Folgenden wollen wir kurz die Themen

- Management Summary,

- beteiligte Personen,
- Projektplan,
- Unternehmensstandort,
- Rechtsform,
- Kooperationen und
- Finanzierungsoptionen

diskutieren. Die beiden Aspekte Unternehmensstandort und Rechtsform sind vor allem dann von Bedeutung, wenn ein neues Unternehmen im Zusammenhang mit einem Business Plan gegründet werden soll.

Betrachtet man den Fall eines Start-ups liegt der Schwerpunkt eher auf der Rechtsform des Unternehmens. In der Gründungsphase eines Unternehmens wollen sich die Entrepreneure auf das Wesentliche konzentrieren, d.h. auf die Entwicklung eines Produktes oder einer Dienstleistung; es mangelt meistens an Zeit und Geld. Kriterien wie wenig Bürokratie, geringe Gründungskosten und Eigenkapitalanforderungen stehen somit im Vordergrund. Die Standortwahl beschränkt sich bei Start-ups eher auf die Suche nach einem geeigneten Ort in der Nähe und orientiert sich somit in der Regel an den Kosten. Betrachtet man hingegen den Fall einer Gründung eines Tochterunternehmens durch ein bereits etabliertes Unternehmen, sind die Schwerpunkte andere. Sowohl die Wahl eines Unternehmensstandortes unter Berücksichtigung verschiedenster Kriterien als auch zusätzliche Finanzierungsoptionen durch die Standortwahl oder die Rechtsform können von Bedeutung sein. Kooperationen sind grundsätzlich dann von Bedeutung, wenn es um Make-or-Buy-Entscheidungen geht. Die Formen von Zusammenarbeit sind mannigfaltig. Gerade aber bei größeren Investitionen sollte eine Einbeziehung von Partnern geprüft werden, weil diese grundsätzlich auch einen Risikotransfer ermöglicht.

Merke

Bei der Auswahl der Themen, die durch einen Business Plan abgedeckt werden, sollte sich der Ersteller an der **Relevanz der Themen** und der **Erwartungshaltung der Adressaten** orientieren.

Bei der Abarbeitung der hier behandelten Themen steht der Autor eines Business Plans stets im Spannungsfeld zwischen

kurz-und-bündig-auf-das-Wesentliche-konzentrieren

und

ausführlich-und-vollständig-alles-abarbeiten.

Es mag im Rahmen eines Lehrbuchs nicht unbedingt zufrieden stellen, aber es gilt: Man wird es nie allen Adressaten hundertprozentig recht machen können und zu einem gewissen Grade ist die Ausgestaltung des Business Plans auch Geschmackssache.

2.1 Management Summary

Unter einem Management Summary (oder Executive Summary) versteht man die Zusammenfassung der wesentlichen Ergebnisse des Business Planes auf möglichst einer Seite. Zur besseren Übersicht können beispielsweise Marginalien verwendet werden.

Beispiel

Management Summary

Titel des Business Case
Autoren: ...
Erstelldatum: ...

Text Text Text Text Text Text Text Text Text Text Text Text Text Text Text	**Produktidee**
Text Text Text Text Text Text Text Text Text Text Text Text Text	
Text Text Text Text Text Text Text Text Text Text Text Text	
Text Text Text Text Text Text Text Text Text Text Text	**Marktanalyse**
Text Text Text Text Text Text Text Text Text Text	**Wirschaftlichkeit**
Text Text Text	
Text Text Text	**Fazit / Empfehlung**
Text Text Tcxt	

Der Inhalt eines Management Summary ist nicht starr festgelegt und hängt nicht zuletzt von der Erwartungshaltung der Auftraggeber ab. Der Ersteller sollte sich von dem Gedanken leiten lassen, was für einen Entscheider relevant ist, um sich für oder gegen einen Business Case zu entscheiden. In aller Regel ist dies

- eine klare Darstellung des Business Case,
- eine darauf basierende verständliche Marketing-Strategie,
- eine Ergebnisübersicht der Wirtschaftlichkeitsrechnung sowie
- eine Bezifferung des Kapitalbedarfs.

Das Management Summary sollte ein Fazit in Form einer Empfehlung mit einschließen.

Für viele Entscheider stellt das Management Summary den wichtigsten Teil des Business Plans dar, da sie als erstes gelesen wird und damit eine bestimmte Richtung vorgibt, sowie eine gewisse Erwartungshaltung weckt. Der Leser eines Business Plans oder der Zuhörer einer mündlichen Präsentation eines Business Plans wird sich davon leiten lassen.

Merke

Ein **Management Summary** stellt einen wesentlichen Teil des Business Plans dar. Entsprechend sollte ausreichend Zeit für dessen Erstellung eingeplant werden.

2.2 Business Case Beschreibung

Die Beschreibung des Business Case ist selbstverständlicher Teil eines Business Plans. Im Vordergrund steht die Beschreibung des Vorhabens, beispielsweise:

- Gründung eines Start-ups
- Neugründung einer Tochterunternehmung
- Realisierung einer Produkt- oder Prozessidee

Sinnvoll ist häufig, mit der Motivation zum Business Case zu beginnen. Wie kam der Gründer auf die Geschäftsidee? Ist ein Kundennutzen klar erkennbar? Wem fehlt das Produkt, warum und wann? Würde dieser mögliche Käufer Geld für das Produkt ausgeben und wenn ja wieviel? Welche Vorteile ergeben sich durch die Gründung eines Tochterunternehmens im Gegensatz zu anderen Optionen (z.B. Vertriebskooperation, Joint Venture)?

Eine umfassende Bewertung des Vorhabens sollte an dieser Stelle jedoch noch nicht vorgenommen werden.

Anschließend kann das Produkt oder Vorhaben kurz beschrieben werden. Im Vordergrund sollte hierbei das Neuartige des Vorhabens stehen. Am Ende der hier gemachten Ausführungen sollte jedem klar sein, inwieweit man sich von bereits Existierendem unterscheidet bzw. inwiefern sich der Status Quo ändern wird.

Merke

Bei der Beschreibung des Business Case sollten **das Neuartige** eines Produktes oder einer Vorgehensweise (eines Geschäftsprozesses) sowie die daraus abgeleiteten **Wettbewerbsvorteile** im Vordergrund stehen.

2.3 Projekt- bzw. Gründerteam

Die Beschreibung der beteiligten Personen hat vor allem bei Business Plänen, die der Gewinnung von Kapitalgebern dienen, Bedeutung. Die potenziellen Kapitalgeber möchten sich ein Bild der vorhandenen Kompetenzen machen. In aller Regel wird eine große Ausgewogenheit zwischen technischem und wirtschaftlichem Know-how positiv bewertet. Das Team sollte durch sein (nachprüfbares) Wissen und seine Erfahrungen darauf schließen lassen, dass es den Business Plan auch umsetzen kann. Sollten Defizite vorliegen, ist es sinnvoll, bereits im Business Plan klar zu machen, wie man diese schließen möchte.

Bei unternehmensinternen Business Plänen, die zum Zwecke einer Go- oder NoGo-Entscheidung erstellt werden, spielt die Frage des zukünftigen Projektteams oftmals eine untergeordnete Rolle.

Merke

Angaben über Projekt- oder Gründerteams vermitteln einen Eindruck über die vorhandenen **Kompetenzen für das geplante Vorhaben**. Kompetenzlücken sollten benannt und Lösungsansätze vorgestellt werden.

2.4 Projektplan

Ein Projektplan im Rahmen des Business Plans ist gekennzeichnet durch die Konzentration auf folgende Inhalte:

- Inhaltliche Ziele: Was soll erreicht werden?
- Zeitliche Ziele: Bis wann soll das inhaltliche Ziel erreicht werden?
- Kapazitätsziele: Welche Kapazitäten werden zum Erreichen der beiden ersten Ziele benötigt?

Die Erstellung eines Projektplans erfolgt typischerweise EDV-unterstützt. Ein Projektplan legt Meilensteine fest und es gilt, diese in den Projektionsrechnungen (Plan-Bilanzen und Plan-GuVs) aufzunehmen.

Beispiel

Ein Versicherungskonzern plant die Neugründung eines Tochterunternehmens, das sich auf Online-Geschäfte fokussiert. Als Meilensteine könnten dienen:

- Klärung rechtlicher Aspekte bei der Gründung
- Festlegung des Produktspektrums
  - Produktauswahl

  - Klärung aktuarieller, d.h. versicherungsmathematischer Fragen
  - Festlegung Marketing-Strategie
- Festlegung Hard- und Software-Infrastruktur
  - Entscheidung und Erwerb EDV-Hardware Infrastruktur
  - Entscheidung EDV-Software Infrastruktur
  - Erstellung/Kauf Bestandsführung
  - Erstellung/Kauf Vertriebssoftware
- Personaleinstellung
- Standort und Einrichtung
  - Auswahl Standort
  - Anmietung/Kauf Immobilie
  - Erwerb Büroeinrichtung
- Vertriebsstart
  - Zielformulierung (Marktanteil, Umsatz, Zeitplan etc.)

Meistens wird der Projektplan grafisch dargestellt. Dies dient der besseren Übersicht.

Beispiel

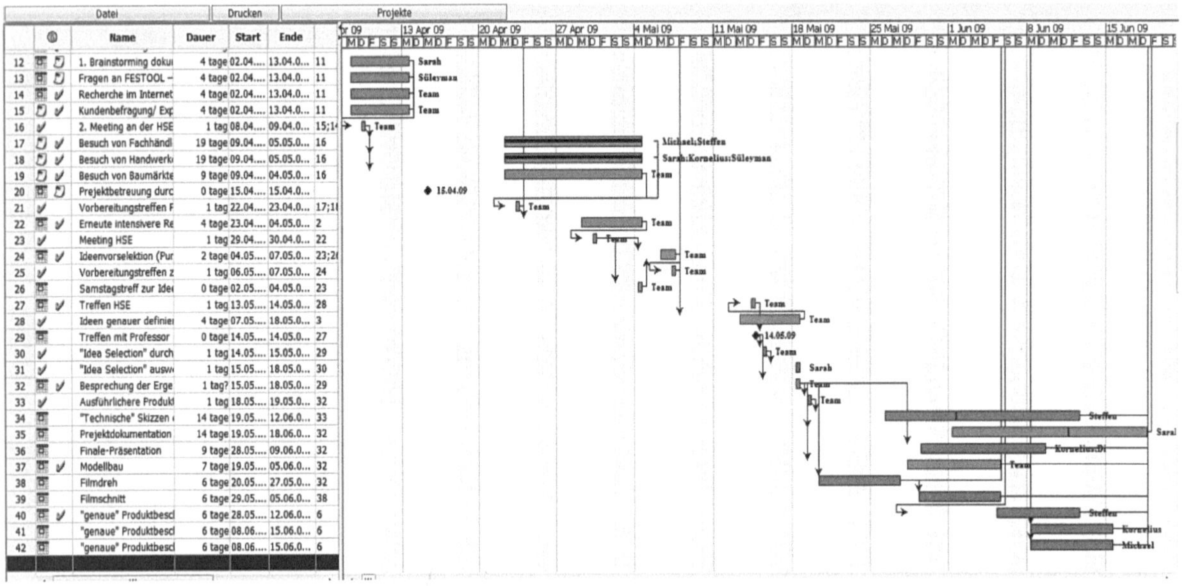

Abb. 2.1: Beispiel eines Projektplans

Merke

Der Projektplan dient eher einer Grobplanung. Die Angaben müssen konsistent sein und sollten sich in den Projektionsrechnungen wiederfinden.

Übungsaufgabe 2.1

Greifen Sie den Fall einer Restauranteröffnung wieder auf. Welche Meilensteine könnten Sie sich vorstellen?

Übungsaufgabe 2.2

Stellen Sie Ihre Ergebnisse aus Übungsaufgabe 2.1 grafisch dar, indem Sie den Meilensteinen zeitliche Ziele zuordnen.

2.5 Standort des Unternehmens

Als Standort verstehen wir sowohl den Ort der Produkt- oder Dienstleistungserstellung als auch den Ort, an dem deren Absatz erfolgt. Die Standortwahl stellt in der Regel eine langfristige Entscheidung dar, die häufig nur mit großem Aufwand rückgängig gemacht werden kann.

Bei vielen Business Plänen handelt es sich um Fälle, die typischerweise auch eine Entscheidung über einen Produktions- oder Absatzstandort beinhalten. Insbesondere bei Unternehmensgründungen stehen Fragen bezüglich der Kosten und der Weiterentwicklungsmöglichkeiten im Raum. Bei Gründung von Tochterunternehmen in einem unbekannten Umfeld ist ein neuer Standort auszuwählen, der

- länderspezifische Besonderheiten,
- abweichende steuerliche Aspekte und gewährte Subventionen sowie
- abweichende Gründungskosten und Eigenkapitalerfordernisse

aufweist.

Die Kriterien, die bei der Standortwahl maßgeblich sind, werden auch als Standortfaktoren bezeichnet.

Merke

Die Standortwahl hat nicht nur massive **Auswirkungen auf Kosten (Aufwendungen) und Leistungen (Erträge)**. Darüber hinaus spielen **viele weitere Faktoren** eine Rolle und haben direkten Einfluss auf die Modellierung des Business Case.

2.5.1 Standortfaktoren

Die Einflussfaktoren bei der Standortwahl sind je nachdem, ob es sich um Produktions- oder Absatzstandorte handelt, durchaus verschieden. Die nachfolgende Tabelle gibt hierzu einen Überblick.

Produktionsstandorte	Absatzstandorte
• verfügbare Arbeitskräfte	• Kundennähe
• Verfügbarkeit von Rohstoffen	• Konkurrenzsituation
• Zulieferer	• Kaufkraft
• Infrastruktur	
• Immobilien	
• ökologische Rahmenbedingungen	
• politische Rahmenbedingungen	
• steuerliche Rahmenbedingungen	
• Subvention	
• Bürokratie und Abgaben	
• Energie	

Abb. 2.2: Standortfaktoren bei der Wahl eines Standortes

Bei Produktionsstandorten gehört sicherlich die Arbeitskräftesituation zu den wichtigsten Standortfaktoren. Niedriges Lohnniveau bei guter Qualifikation der potenziellen Arbeitskräfte reduziert Kosten und erhöht die Konkurrenzfähigkeit. Eine gute Infrastruktur stellt sowohl bei der Gewinnung von Arbeitskräften als auch bei der Belieferung und beim Abtransport der Güter einen erheblichen Vorteil dar. Gesetzliche und steuerliche Rahmenbedingungen ergänzen das Profil eines Standortes. Absatzstandorte orientieren sich vor allem an einer möglichst großen Kundennähe. Aus einer möglichen Konkurrenzsituation mit Mitbewerbern ergeben sich sowohl Vor- als auch Nachteile. Man denke beispielsweise an Shopping Malls oder Restaurant-Viertel.

Merke

Standortfaktoren beeinflussen den Erfolg einer Unternehmung. Die konkreten Auswirkungen von Standortfaktoren müssen bewertet und berücksichtigt werden.

Beispiel

2008 verkündete die Margarete Steiff GmbH, den Produktionsstandort China wieder zu verlassen. Vor allem Qualitätsaspekte waren hierfür ausschlaggebend, Liefertermine wurden teilweise nicht eingehalten und die Mitarbeiterfluktuation war groß.

Übungsaufgabe 2.3

Sie planen die Eröffnung eines Restaurants mit internationaler Küche in Berlin. Vergleichen Sie die Faktoren für folgende Standorte anhand der Beurteilung positiv/neutral/negativ.

Standort-faktoren	*Fußgängerzone mit überwiegend Einzelhandel*	*Fußgängerzone mit überwiegend Restaurants*	*Industriegebiet*	*Stadtrandzone gehobenes Wohngebiet*
Arbeitsmarkt				
Zulieferer				
Infrastruktur				
Immobilienmarkt				
Ökologie				

Steuern, Abgaben, Subventionen				
Energie				
Absatzmarkt				
Konkurrenz-situation				
...				

2.5.2 Entscheidungsmodelle zur Standortwahl

Mit Hilfe eines zwei- oder dreistufigen Verfahrens kann in praxi ein geeigneter Standort ermittelt werden:

- Schritt 1: Checkliste
- Schritt 2: Nutzwertanalyse
- Schritt 3: Business Plan

Im ersten Schritt gilt es, die Standorte zu eliminieren, die notwendige oder extrem wichtige Voraussetzungen nicht erfüllen. Hierzu genügen in der Regel einfache Checklisten.

Die verbleibenden Alternativen können dann anhand einer Nutzwertanalyse bewertet werden. Eine Nutzwertanalyse hat den Vorteil, dass sie quantitative und qualitative Ziele zusammenführt. Es werden allgemein Kriterien festgelegt, die zur Bewertung (Entscheidung) herangezogen werden, in diesem Fall also verschiedene Standortfaktoren. Die Standortfaktoren werden sodann gemäß ihrer Relevanz gewichtet. Man wählt entweder von 0 bis 1 oder von 0% bis 100%.

Im nächsten Schritt werden für jeden zur Auswahl stehenden Standort Bewertungspunkte zugeordnet. Die Skala kann beliebig gewählt werden, beispielsweise von 0 (sehr schlecht) bis 5 (sehr gut). Die Bewertungspunkte werden dann mit der Gewichtung multipliziert und schließlich über alle Standortfaktoren hinweg addiert. Damit erhält man den Gesamtnutzwert pro Standort. Der Standort mit dem höchsten Gesamtnutzwert sollte gewählt werden.

In Einzelfällen, wenn die Nutzwertanalyse kein klares Bild abgibt, können für die Alternativen separate Business Pläne erstellt werden und die endgültige Standort-Entscheidung kann anhand der finanzwirtschaftlichen Kennzahlen Barwert und Interner Zins erfolgen.

Beispiel

Nutzwertanalyse zur Standortentscheidung, wobei eine Bewertungsskala von 0 (sehr schlecht) bis 10 (sehr gut) gewählt wurde.

Nutzwertanalyse					
		München		**Dresden**	
Standortfaktoren	Gewichtung	Bewertung	Punkte	Bewertung	Punkte
Arbeitsmarkt	0,20	6	1,2	8	1,6
Zulieferer	0,30	7	2,1	3	0,9
Infrastruktur	0,15	8	1,2	6	0,9
Immobilienmarkt	0,05	2	0,1	8	0,4
Ökologie, Energie	0,30	4	1,2	4	1,2
Gesamtwert	1,0		5,8		5,0

Übungsaufgabe 2.4

Die *The Walt Disney Company* hat sich bei der Planung eines Disney-Themenparks in Europa bekanntermaßen für Paris (Disneyland Paris) entschieden. Zur Auswahl standen zunächst auch andere Länder. Bei der Wahl eines Themenpark-Standortes kann eine einfache Checkliste bereits die Auswahlmöglichkeiten einschränken. Hierzu gehören beispielsweise Flughafenanbindung, Autobahnen in der Nähe, Größe des Einzugsgebiets, räumliche Ausdehnungsmöglichkeiten etc. Versuchen Sie durch eine Internet-Recherche herauszufinden, warum Länder wie Großbritannien, Deutschland und Italien nicht zur engeren Wahl der *The Walt Disney Company* bei der Wahl eines Themenparks in Europa gehörten.

Übungsaufgabe 2.5

Im Rahmen der Planungen der *The Walt Disney Company* war Alicante in Spanien schließlich der Hauptkonkurrent für Paris. Versuchen Sie anhand einer Nutzwertanalyse, die Entscheidung der *The Walt Disney Company* zwischen Paris und Alicante nachzuvollziehen! Hätten Sie anders entschieden?

Nutzwertanalyse					
		Paris		**Alicante**	
Standortfaktoren	Gewichtung	Bewertung	Punkte	Bewertung	Punkte
Gesamtwert					

2.6 Rechtliche Rahmenbedingungen

Die rechtlichen Rahmenbedingungen wirken sich ähnlich wie Standortentscheidungen langfristig auf den Unternehmenserfolg aus. Sie können für sich allein schon zu einem K.O.-Kriterium eines Vorhabens werden. Wir wollen an dieser Stelle zwei Themen voneinander abgrenzen:

- Die Wahl der Rechtsform eines Unternehmens und
- die gesetzlichen und steuerlichen Gegebenheiten am gewählten Standort des unternehmerischen Vorhabens.

2.6.1 Rechtsform

Unter Rechtsform versteht man die rechtliche Organisation eines Unternehmens.

In diesem Zusammenhang ist zunächst die Unterscheidung zwischen Personengesellschaften und Kapitalgesellschaften relevant. Personengesellschaften verfügen über keine eigene Rechtspersönlichkeit. Typische Vertreter sind

- die Gesellschaft bürgerlichen Rechts (GbR),
- die Offene Handelsgesellschaft (OHG),
- die Kommanditgesellschaft (KG) und
- die Stille Gesellschaft

Im Gegensatz hierzu stehen Kapitalgesellschaften, die eine eigene Rechtspersönlichkeit besitzen. Sie müssen bei ihrer Gründung über ein bestimmtes Mindestkapital verfügen. Zu nennen sind hier:

- die Unternehmergesellschaft (haftungsbeschränkt) – UG (haftungsbeschränkt),
- die Gesellschaft mit beschränkter Haftung (GmbH),
- die Aktiengesellschaft (AG) und
- die Europäische Aktiengesellschaft (SE)

oder Mischformen wie

- die GmbH & Co. KG und
- die Kommanditgesellschaft auf Aktien (KGaA)

Die Frage der Rechtsform eines Unternehmens ist bei Business Plänen beispielsweise relevant, falls ein neues Unternehmen gegründet werden soll. Dies kann auch für ein bereits existierendes Unternehmen der Fall sein, falls ein neuer Markt erschlossen werden soll. Zu diesem Zweck kann ein Tochterunternehmen oder auch ein Joint Venture gegründet werden, die Rechtsform des neu gegründeten Unternehmens ist nach verschiedenen Kriterien auszuwählen:

- länderspezifische Besonderheiten
- steuerliche Aspekte
- Gründungskosten und Eigenkapitalerfordernisse
- Haftungsfragen und Gewinnverteilung
- bürokratischer Aufwand, der mit der Rechtsform verbunden ist
- Rechnungslegungsanforderungen und Veröffentlichungspflichten
- erwartete Unternehmensgröße
- erwartete Unternehmensentwicklung

Länderspezifische Besonderheiten

Business Pläne werden häufig erstellt, um neue Märkte in anderen Ländern zu erschließen. Unternehmensrechtsformen unterscheiden sich hinsichtlich vieler Aspekte von Land zu Land. Diese können im Rahmen dieses Lehrbuchs nicht ausführlich diskutiert werden. In jedem Fall ist eine intensive Auseinandersetzung mit den Möglichkeiten des jeweiligen Ziellandes unabdingbar, allerdings wird dies in den seltensten Fällen durch den Ersteller eines Business Plans erfolgen. Dieser wird professionelle Hilfe durch Experten im Zielland einholen, wobei dann auch die nachfolgenden Kriterien eine wichtige Rolle spielen.

Steuerliche Aspekte

Je nach Unternehmensform können unterschiedliche Steuern, Steuersätze und gegebenenfalls Freibeträge anfallen.

Gründungskosten und Eigenkapitalerfordernisse

Gründungskosten sind in aller Regel abhängig von der Komplexität der Unternehmensform. Bei Personengesellschaften reicht häufig eine Gewerbeanmeldung und eventuell ein einfacher Gründungsvertrag. Bei Kapitalgesellschaften fallen deutlich höhere Kosten an.

Haftungsfragen und Gewinnverteilung

Rechtsformen, die eine Haftungsbeschränkung vorsehen, schützen die Eigentümer des Unternehmens im Insolvenzfall.

Bürokratischer Aufwand

Ein bürokratischer Aufwand, der mit einer Rechtsform verbunden ist, wird häufig unterschätzt. Insbesondere Aufwände für steuerliche Aspekte und die Rechnungslegung werden bei der ersten Begeisterung für eine neue Idee gerne übersehen.

Veröffentlichungspflichten

Kapitalgesellschaften sind in aller Regel dazu verpflichtet, ihre Ergebnisse öffentlich zu machen.

Beispiel: Zalando AG

Unter http://www.zalando.de/presse-zalando-aendert-rechtsform-in-zalando-ag/ findet man folgende Pressemitteilung:

„Berlin, 11. Dezember 2013. Zum heutigen Tag wurde die Umwandlung der Rechtsform von einer GmbH in die Zalando Aktiengesellschaft (AG) zur Eintragung ins Handelsregister eingereicht. Die Umwandlung der Gesellschaftsform ist ein lang geplanter Schritt in Richtung einer Unternehmensstruktur, die der Größe des Unternehmens gerecht wird. Dieser Schritt ermöglicht Zalando die Flexibilität, die für das weitere Wachstum und die künftige Entwicklung des Unternehmens notwendig ist. Die Änderung hat keinerlei Auswirkungen auf das operative Geschäft oder die Rechtsform der Tochtergesellschaften."

Merke

Die Rechtsform eines Unternehmens hat zwar meist keine gravierenden Auswirkungen auf die Wirtschaftlichkeit eines Vorhabens, sollte aber dennoch selbstverständlicher Bestandteil der Überlegungen sein.

Übungsaufgabe 2.6

Ermitteln Sie für die nachfolgenden Unternehmen die Rechtsform. Warum wurde diese Rechtsform aus Ihrer Sicht gewählt?

Unternehmen	Internetseite	Rechtsform	Gründe für die Wahl der Rechtsform
Bosch	http://www.bosch.de		
BASF	http://www.basf.com		
Gothaer Versicherung	http://www.gothaer.de		
Stihl Holding	http://www.stihl.de		
Trigema	http://www.trigema.de		

Übungsaufgabe 2.7

Schauen Sie sich die Firmenhistorie von Porsche an (z.B. http://de.wikipedia.org/wiki/Porsche). Welche Gründe sprachen für die jeweilige Änderung der Rechtsform des Unternehmens?

2.6.2 Rechtliche und steuerliche Rahmenbedingungen

Die sonstigen rechtlichen und steuerlichen Rahmenbedingungen sind zu berücksichtigen, da sie häufig die Wirtschaftlichkeit eines Vorhabens überhaupt erst gewährleisten oder aber zumindest massiv beeinflussen. Beispielhaft sind zu nennen:

- Umweltauflagen
- Verbote/Einschränkungen in Bezug auf den Kapitalverkehr
- Subventionen
- Arbeitsrecht

Beispiel: Bedeutung rechtlicher und steuerlicher Rahmenbedingungen bei Investitionsentscheidungen

Gemäß einer Umfrage der DIHK (Deutsche Industrie- und Handelskammer) 2023 stellen Kosten, lange Genehmigungsverfahren, Fachkräftemangel und Infrastrukturmängel wichtige Gründe für Auslandsinvestitionen deutscher Unternehmen dar (vgl. DIHK-Konjunkturumfrage – Auslandsinvestitionen der Industrie 2023).

Merke

Die **Prüfung rechtlicher und steuerlicher Rahmenbedingungen** erfolgt in der Regel durch **das Hinzuziehen von Experten** und gehört zu den Pflichtaufgaben bei jedem unternehmerischen Business Case.

Übungsaufgabe 2.8

Diskutieren Sie kritisch die Vor- und Nachteile von staatlichen Subventionen zur Unternehmensansiedlung. Informieren Sie sich über den Fall *Tesla* mit seinem Werk in Grünheide. Leiten Sie daraus Konsequenzen für eine wirtschaftliche Betrachtung aus Unternehmenssicht ab.

Vorteile	Nachteile

Konsequenzen:

____

____

____

____

____

____

2.7 Unternehmensverbindungen

Unternehmensverbindungen lassen sich grob klassifizieren als Kooperationen oder Konzentrationen. Unter einer Kooperation versteht man eine Zusammenarbeit wirtschaftlich selbstständiger Partner, bei der Konzentration (Mergers & Acquisitions oder kurz M&A) hingegen verliert zumindest einer der Partner seine wirtschaftliche Selbstständigkeit.

Beispiele für Kooperationen sind Kartelle, Konsortien, Interessensgemeinschaften und Joint Ventures. Bei Joint Ventures gründen zwei oder mehrere unabhängige Unternehmen eine neue rechtlich selbständige Gesellschaft. Insofern handelt es sich in gewisser Weise um die Neugründung eines (Tochter-)Unternehmens, nur dass die Leitung des neuen Unternehmens gemeinschaftlich durch die beteiligten Partner erfolgt.

Beispiele für Konzentrationen sind Unternehmenskäufe und Unternehmensfusionen.

Die Gründe für Unternehmensverbindungen können sehr unterschiedlich sein. Zumeist handelt es sich aber um wirtschaftliche Vorteile, die sich aus neuen Wachstumsmöglichkeiten, der Risikostreuung oder aus Synergieeffekten ergeben. Diese im Vordergrund stehenden Vorteile können sich in allen Bereichen der wirtschaftlichen Leistungserstellung ergeben, sei es in Forschung und Entwicklung, bei der Beschaffung, Produktion oder beim Absatz. Auch Einsparungen in Verwaltung und bessere Finanzierungsmöglichkeiten werden gerne als Motive genannt.

Häufig stellt die Wirtschaftlichkeitsprüfung einer Unternehmensverbindung bereits den eigentlichen Business Case für einen Business Plan dar. In anderen Fällen werden insbesondere Kooperationen als Teil der Geschäftsstrategie angesehen. In praxi werden die positiven Aspekte von Unternehmensverbindungen gerne überschätzt und mögliche Probleme und Kosten vernachlässigt. Eine kritische Prüfung ist deshalb unerlässlich.

Beispiel: Brauereien

Die Bierbranche ist in den letzten Jahrzenten durch eine große Zahl von Unternehmenszusammenschlüssen gekennzeichnet. So ist etwa die Brauerei Beck GmbH & Co. KG nun Teil der Anheuser-Busch InBev NV, wobei diese wiederum aus dem Zusammenschluss von Anheuser-Busch und InBev hervorging.

Merke

Unternehmensverbindungen zielen auf **Kosteneinsparungen und Synergieeffekte**. Es ist stets kritisch zu überprüfen, ob **Kannibalisierungseffekte** vorliegen.

Übungsaufgabe 2.9

Alle oben aufgeführten Gründe und Ziele spielen eine mehr oder weniger starke Rolle bei dem erwähnten Konzentrationsprozess in der Brauerei-Branche. Bewerten Sie diese für das oben genannte Beispiel von Beck und AB InBev anhand der Einteilung sehr wichtig / wichtig / weniger wichtig!

Ziele	sehr wichtig / wichtig / weniger wichtig
Beschaffung	
Produktion	
Investition- und Finanzierung	
Absatz	
Forschung und Entwicklung	
Verwaltung	
Gründe	sehr wichtig / wichtig / weniger wichtig
Wachstum	
Risikostreuung	
Synergieeffekte	

Übungsaufgabe 2.10

Die Automobilholding Stellantis ist aus dem Zusammenschluss der Fiat Chrysler Automobiles N.V. (einer niederländische Holding-Gesellschaft) und der französischen Groupe PSA hervorgegangen. Bereits die Fiat Chrysler Automobiles N.V. war das Ergebnis einer Fusion, nämlich zwischen dem US-amerikanischen Autobauer Chrysler und dem italienischen Hersteller Fiat. Vergleichen Sie diese beiden Fusionen und bewerten Sie diese insbesondere auch in Bezug auf die letztendlich gescheiterte Fusion zwischen Daimler und Chrysler zur DaimlerChrysler AG, die zwischen 1998 und 2007 bestand.

2.8 Finanzierungsoptionen

Unter Finanzierungsoption verstehen wir eine mögliche Auswahl unterschiedlicher Formen der Finanzierung eines wirtschaftlichen Vorhabens.

Im Rahmen eines Business Plans können an dieser Stelle bereits konkret ermittelte Optionen (Alternativen) oder auch nur theoretische Möglichkeiten diskutiert werden.

An dieser Stelle zeigt der Ersteller die Konsequenzen für den gegebenen Business Case durch unterschiedliche Finanzierungsmöglichkeiten auf. Kriterien können sein:

- Dauer der Finanzierung (kurzfristig – langfristig)
- sich aus der Finanzierungsform ergebende Zahlungsverpflichtungen (Zinsen – Dividenden)
- Rückzahlungszeitpunkte
- steuerliche Auswirkungen
- Auswirkungen auf die Reputation des Unternehmens und damit bei Geschäftspartnern und Kunden
- Konsequenzen aus der Wirtschaftlichkeitsrechnung
- Reputation des Kapitalgebers (Flexibilität bei Zahlungsschwierigkeiten)

Merke

Finanzierungen haben neben einem Kostenaspekt gravierende Auswirkungen auf die **Liquidität eines Unternehmens**. Die Finanzierung eines Business Case sollte stets eine ausreichende finanzielle **Sicherheitsmarge** berücksichtigen.

Übungsaufgabe 2.11

Erörtern Sie den Fall der Porsche AG 2009 (vgl. http://www.zeit.de/online/2009/22/porsche-insolvenz-ueberbrueckung). Welche Probleme haben sich aus der kurzfristigen Finanzierung ergeben?

Eigene Notizen

Schritt 3: Marketing

Die Lernfragen zu diesem Kapitel finden Sie unter:
https://narr.kwaest.io/s/1147

Lernziele

Im Kapitel Marketing lernen Sie, wie Sie den geeigneten Markt für Ihren Business Case ermitteln und gegebenenfalls geeignet segmentieren. Sie erfahren, welche Möglichkeiten es gibt, um Marketing- und Unternehmensziele strukturiert festzulegen. Abschließend erhalten Sie einen Überblick über die wesentlichen Aspekte eines Marketing-Mix. Sie lernen Ihre Annahmen kritisch zu hinterfragen und zu verbessern.

Die Basis einer finanzwirtschaftlichen Analyse ist die Kenntnis des Marktes für das untersuchte Vorhaben. Handelt es sich um konkrete Produkte so geht es darum zu ermitteln, wie viele Produkte man voraussichtlich im Zeitablauf zu welchem Preis verkaufen kann. Eine fundierte Marktanalyse besitzt auch das Potenzial, Marktlücken, unbefriedigte Kundenbedürfnisse oder sogar Nischen aufzuzeigen. Auf der Basis einer solchen Marktanalyse und einem darauf aufbauenden Innovationsprozess können durchaus auch neue Produkte entstehen.

Die Größe dieses (Absatz-)Marktes zu kennen, heißt aber zunächst nur, die Zahl potenzieller Kunden bestimmt zu haben. In einem zweiten Schritt muss man sich darüber im Klaren sein, was man als unternehmerisches Ziel anstrebt. Sieht man sich eher als Nischen- oder eher als Massenhersteller? Welche Qualitätsansprüche stellt man? Welche Wachstumsziele verfolgt man? Um nur ein paar mögliche Fragestellungen aufzuwerfen.

Erst mit diesen strategischen Vorgaben ist es möglich, sich konkret über die Ausgestaltung des Produkts oder der Produkte Gedanken zu machen. Schnell wird klar, dass dazu viele verschiedene Faktoren zu berücksichtigen sind, welche häufig auch als Marketing-Mix bezeichnet werden:

- Wie sieht das Produkt im Detail aus?

- Gibt es Zusatzleistungen?
- Wie teuer ist das Produkt?
- Gibt es Rabattaktionen?
- Wo und wie kann man es kaufen?
- Wie wird das Produkt vermarktet?

Selbstverständlich kann man anschließend im Rahmen der Finanzanalyse zur Erkenntnis kommen, dass die strategischen Vorgaben und ihre daraus abgeleitete Umsetzung nicht profitabel sein werden. Dies kann dann zur Aufgabe des Vorhabens oder zu einer Anpassung der Strategie führen. Wir sehen also möglicherweise einen iterativen Prozess, der mehrmals wiederholt werden muss, bis man zu einer optimalen Strategie und einem perfekten Marketing-Mix gelangt.

Bei anderen Formen von Business Plänen, die eher durch Prozessoptimierungen gekennzeichnet sind, können sich diese Fragen oft vereinfachen oder sind obsolet.

Merke

Der Marketingteil eines Business Plans besteht aus drei Teilen: der Marktanalyse und Segmentierung, der Formulierung von strategischen Zielen und der konkreten Ausarbeitung eines Marketing-Mix.

3.1 Marktanalyse

Die Marktanalyse im Rahmen eines Business Plans umfasst im Wesentlichen drei Teilaufgaben:

- die Definition des Marktes bzw. von Teilmärkten (Segmentierung),
- die Größenabschätzung des Gesamtmarktes und seiner Segmente für den gesamten Planungshorizont und
- die Abschätzung der Marktanteile für das eigene Vorhaben.

Die zweite und dritte Teilaufgabe der Marktanalyse stellen gerade unerfahrene Ersteller von Business Plänen vor große Herausforderungen. Allzu oft scheint die Analyse einer Kaffeesatzleserei zu gleichen. Wie soll man seriös voraussagen, wie viele Personen an einem Produkt, wie viele Unternehmen an einer Idee interessiert sind? Und kann man tatsächlich daraus einen Marktanteil für das eigene Vorhaben, das eigene Produkt ableiten? Darüber hinaus muss das Ganze dann für ein paar Jahre prognostiziert werden. Nun, offensichtlich müsste man hellseherische Fähigkeiten besitzen, um dies exakt vornehmen zu können, aber durch das Beachten einiger Grundsätze ist es zumindest möglich, ein konsistentes Gerüst von Annahmen aufzustellen:

Grundsatz 1: Achten Sie auf eine präzise Definition Ihres (Absatz-)Marktes!

Grundsatz 2: Hinterfragen Sie Ihre Annahmen kritisch!

Grundsatz 3: Verifizieren Sie Ihre Annahmen anhand mehrerer Quellen!

Grundsatz 4: Verlassen Sie sich nicht blind auf Marktanalysen anderer!

Grundsatz 5: Hinterfragen Sie insbesondere konstante Wachstumsraten!

Grundsatz 6: Achten Sie auf eine sinnvolle Segmentierung des Gesamtmarktes!

Grundsatz 7: Suchen Sie Benchmarks für Ihre Annahmen zu möglichen Marktanteilen!

Grundsatz 8: Stellen Sie dumme Fragen und seien Sie nicht zu optimistisch!

Grundsatz 9: Verlieren Sie Ihr Ziel nicht aus dem Auge!

Mit dem letzten Grundsatz wollen wir darauf hinweisen, dass es nicht darum geht, möglichst vielen Daten und Quellen zu sammeln, die dann unstrukturiert präsentiert werden. Das Ziel der Marktanalyse ist es, darauf aufbauend eine konsistente Vorhersage zukünftiger Umsatzzahlen machen zu können.

Merke

Die Marktanalyse setzt eine klare Marktdefinition voraus. Die Analyse des Gesamtmarktes sollte möglichst viele unabhängige Quellen umfassen. Die Segmentierung erlaubt schließlich konkrete Annahmen zu möglichen und angestrebten Marktanteilen des eigenen Business Case.

3.1.1 Marktdefinition

Unter Marktdefinition versteht man die Beschreibung des (Absatz-)Marktes anhand von abgrenzbaren Kriterien. Zu unterscheiden sind hierbei ein Gesamtmarkt und daraus abgeleitete Teilmärkte, sogenannte Segmente. Marktsegmentierung ist somit die Aufteilung eines Gesamtmarktes in Teilmärkte. Eine sinnvolle Segmentierung erfordert eindeutige Kriterien und überschneidungsfreie Teilmärkte. Überschneidungsfreiheit soll verhindern, dass in einem späteren Stadium der Analyse Doppelzählungen erfolgen. Eine zu feingliedrige Aufteilung sollte ebenfalls vermieden werden. Entscheidend für eine gute Segmentbildung ist aber, dass diese in einem Zusammenhang zur möglichen Marketingstrategie und einem wählbaren Marketing-Mix stehen.

Beispiel

Als Gesamtmarkt aller potenziellen Autokäufer könnten beispielsweise alle Besitzer eines Führerscheins in einem bestimmten Land definiert werden, die jünger als 70 Jahre sind.

Zur Segmentierung dieses Marktes werden dann nachfolgende Kriterien verwendet:

- Örtlichkeit: Stadtbewohner, Landbewohner, Flachland, Berge, Wüste etc. (geografisch)

- Alter / Altersklasse: 18-25; 26-40; 41-70 (demografisch)
- Fahrweise: sportlich, sicherheitsorientiert (psychografisch)

Weitere Verfeinerungen können dann durch die Kombination der Kriterien vorgenommen werden:

- Segment 1: Stadtbewohner, 18-25, sportliche Fahrweise
- Segment 2: Stadtbewohner, 18-25, sicherheitsorientierte Fahrweise
- etc.

Hier stellt sich nun die Frage, ob man diese Marktsegmente nun auch mit Autos beliefern kann, die für das Segment besonders geeignet sind und hierfür transparente Produktmerkmale besitzen.

Merke

Die verwendete Marktdefinition sollte sicherstellen, dass verschiedene Quellen für die Analyse des Gesamtmarktes berücksichtigt werden können. Externe Marktanalysen beziehen sich oft auf unterschiedliche Marktdefinitionen, stellen Sie sicher, dass Sie nicht Äpfel mit Birnen vergleichen.

Die auf der Analyse eines Gesamtabsatzmarktes erfolgte Segmentierung ist die Basis für eine erfolgreiche Marketingstrategie und einen zielgerichteten Marketing-Mix. Achten Sie darauf, dass die gewählten Kriterien hierfür sinnvoll ausgewählt wurden.

Übungsaufgabe 3.1

Sie planen einen Club aufzumachen. Definieren Sie Ihren Absatzmarkt! Fragen Sie noch zwei Freunde, nach welchen Kriterien diese den Markt definieren würden!

Eigene Überlegungen	....	....

Übungsaufgabe 3.2

Nehmen Sie Marktsegmentierungen für folgende Märkte vor:

- Immobilienmarkt
- Handymarkt
- Getränkemarkt

Immobilien	Handys	Getränke

Übungsaufgabe 3.3

Coca Cola hat in den letzten Jahren immer wieder neue Produkte im Markt platziert. Welche Marktsegmentierungen könnten hierfür maßgebend gewesen sein?

Übungsaufgabe 3.4

Die sogenannten Sinus-Milieus sind ein Ansatz im Rahmen der Zielgruppenforschung. Sie erlauben eine Einteilung nach sozialen Milieus. Setzen Sie sich kritisch mit diesem Ansatz auseinander. Finden Sie Pros und Cons für die Anwendung dieser Segmentierung im Rahmen eines Business Plans. Wählen Sie hierzu einen Business Case Ihrer Wahl.

Business Case:

Pros	Cons

3.1.2 Analyse des Gesamtmarktes und Marktsegmentierung

Die Analyse der Größe eines Gesamt- oder Teilmarktes erfolgt anhand von Primär- und Sekundärforschung. Unter Primärforschung versteht man eigene Untersuchungen, unter Sekundärforschung die Auswertung der Ergebnisse anderer. Für die Vorhaben im Rahmen von Business Plänen bietet sich meist eine Kombination von beidem an. Primärforschung ist häufig sehr aufwendig und kostspielig. Oftmals befindet sich ein Business Case auch noch in einem sehr frühen Stadium, beispielsweise wenn eine Innovation noch nicht vollständig umgesetzt ist, so dass Primärforschung noch sehr schwierig ist bzw. kaum Aussagekraft besitzen würde. Andererseits wird man kaum Studien finden, die genau die gewünschte Fragestellung aufgreifen. Man wird also bei Verwendung der Ergebnisse Dritter immer wieder Interpretationen vornehmen müssen. Auch lässt sich nicht immer ausschließen, dass die Ersteller der ursprünglichen Studie unseriös gearbeitet haben. All dies führt zur Erkenntnis, dass man Sekundärforschung am besten durch eigene Primäruntersuchungen zu bestätigen versucht. Umgekehrt gilt das natürlich auch. Als Formen von Primärforschung bieten sich Befragungen, Tests und gegebenenfalls Beobachtungen an.

Eine weitaus schwierigere Frage ist, wie man Informationen so bündelt, dass dadurch konkrete Aussagen über Marktgröße und Umsatz möglich sind. Eine Aussage etwa, dass die Zahl der Veganer in Deutschland bei zirka 1 Million liegt und jährlich um 10 % steigt, sagt noch nichts darüber aus, ob sich diese dann vor allem auf Fleischersatzprodukte stürzen werden oder andere Lebensmittel bevorzugen. Wir erinnern deshalb an dieser Stelle wieder an die ursprüngliche Zielsetzung der Marktanalyse: Wie viel Umsatz kann im Projektionszeitraum pro Periode erzielt werden?

Umsatz setzt sich aus Anzahl der verkauften Produkte multipliziert mit dem jeweiligen Preis zusammen, wobei der Preis aufgrund der Absatzmenge und der Preispolitik im Zeitablauf variieren kann. Für die Marktanalyse steht zwar zunächst die Anzahl verkaufter Produkte im Blickpunkt. Diese ergeben sich wiederum aus Marktanteil multipliziert mit Anzahl verkaufter Produkte im (Teil-) Markt. Mögliche Auswirkungen auf die Preisentwicklung des Marktes sollten jedoch beachtet werden.

Beispiel

Marktforschungsinstitute wie die Gesellschaft für Konsumforschung (http://www.gfk.com) können bei der Marktanalyse unterstützen. Vergleichen Sie hierzu beispielsweise die dort genannten Success Stories.

Merke

Die Marktanalyse sowohl für den Gesamtmarkt als auch einzelne Segmente besteht aus zwei Teilen:

1. Der Ermittlung der heutigen Größe des Marktes und der definierten Teilmärkte und
2. der Prognose der zukünftigen Entwicklung.

Übungsaufgabe 3.5

Sie planen einen Laden für Pralinen in der Fußgängerzone Ihrer Stadt aufzumachen. Analysieren Sie Ihren Markt und nehmen Sie eine Marktsegmentierung vor. Wie groß sind Ihre Marktsegmente und wie werden sie sich vor-aussichtlich entwickeln?

	Marktsegment 1	Marktsegment 2	Marktsegment 3
Definition			
Marktgröße			
Prognose			

Übungsaufgabe 3.6

Recherchieren Sie, welche Studien zur E-Mobilität vorliegen. Vergleichen Sie diese und achten Sie auf „Ungereimtheiten". Welche Interessen könnte der jeweilige Ersteller der Studie gehabt haben?

3.1.3 Zielgruppe

Im nächsten Schritt geht es darum, aus den Erkenntnissen der Gesamtmarktanalyse eine Zielgruppe (Target Group) zu definieren. Typischerweise konzentriert man sich bei der Bearbeitung auf ein oder mehrere Segmente, die zuvor bei der Marktanalyse ermittelt wurden. Eine Zielgruppe sind potenzielle Kunden, die sich durch gleiche bzw. ähnliche Eigenschaften charakterisieren lassen und somit eine fokussierte Ansprache erlauben. Die Zielgruppendefinition dient genau diesem Zweck. Aufgrund der beschränkt zur Verfügung stehenden Mittel finanzieller und personeller Art geht es darum, Anstrengungen (vgl. hierzu das Kapitel Marketing-Mix) auf die erfolgversprechendsten zu richten. Die Wahl der „richtigen" Zielgruppe findet dabei aus zwei Perspektiven statt. Zum einen wird aus Sicht des Unternehmens und der vorhandenen Produkte gefragt, welche potenziellen Kunden in Frage kommen. Zum anderen ergibt sich aus Sicht möglicher Zielgruppen die Frage, wie bestehende Produkte und Marketingmaßnahmen angepasst werden könnten. Beide Blickwinkel können hilfreich sein und sollten berücksichtigt werden.

Sobald eine Zielgruppe definiert wurde, werden diese in modernen Ansätzen häufig personifiziert, d.h. es wird eine Art Standard- oder Beispielperson, die dieser Zielgruppe angehört, kreiert und entsprechend beschrieben. Beschreibende Eigenschaften können sein: Geschlecht, Familienstand, Alter, Kind, Wohnort, Beruf, Ausbildung, Einkommen, Vermögen, Kaufverhalten, Qualitätsbewusstsein, Hobbys, Reiseverhalten etc.

Beispiel

Persönlichkeit:
- weiblich
- 25 Jahre
- ledig, keine Kinder

Ausbildung und Beruf:
- Studium BWL (Bachelor)
- Angestellte
- Gehalt 50.000 € pro Jahr

Interessen:
- reist gerne
- Mitglied im Fitness-Studio
- geht regelmäßig aus
- legt Wert auf Nachhaltigkeit

Merke

Die Definition einer oder mehrerer Zielgruppen dient dem fokussierten Einsatz beschränkter Mittel, um vordefinierte Ziele zu erreichen, zum Beispiel Umsatz- oder Profitmaximierung. Dies bedeutet nicht, dass nur an Kunden, die dieser Zielgruppe angehören, verkauft wird!

Große Unternehmen, die verschiedene Zielgruppen erschließen möchten, müssen entscheiden, ob dies unter einer Marke (einem Brand) sinnvoll ist. Teilweise wird deshalb versucht unter einem Dach, viele Marken zu positionieren. Eine zielgerichtete Kundenansprache kann dadurch glaubwürdiger gestaltet werden.

Beispiel

Jägermeister (https://www.jagermeister.com) ist ein bekannter Kräuterlikör, der von der Mast-Jägermeister SE hergestellt wird. Das Produkt geht auf eine bald 100-jährige Geschichte zurück. Während Jägermeister im letzten Jahrtausend als Magenbitter noch eine ältere Zielgruppe angesprochen hat, wurde das Image des Produkts seither massiv auf eine jüngere Zielgruppe angepasst. Zwar wurde das Produkt selbst (d.h. die Rezeptur) nicht verändert, aber ein Fokus auf mögliche neue Anwendungen gelegt, z.B. in Form von Cocktails etc. Ein wichtiger Vertriebszweig von Jägermeister sind heute Clubs und Veranstaltungen. Früher waren dies noch zumeist Tankstellen. Dies hat zugleich auch insgesamt eine aus Sicht des Unternehmens positive Preis- und Umsatzentwicklung ermöglicht. Die Werbe- und Kommunikationsmaßnahmen haben sich ebenfalls auf eine jüngere Zielgruppe konzentriert. Neben klassischer Werbung gibt es beispielsweise einen Jägermeister Club. Jägermeister hat sich bewusst dazu entschieden, unterschiedliche Zielgruppen mit einer Marke zu bedienen. Die jüngere Zielgruppe durch den Aufbau eines entsprechenden Images, die ursprüngliche, ältere Zielgruppe durch das Beibehalten des alten Designs.

Übungsaufgabe 3.7

Die Volkswagen AG vereint u.a. folgende Marken unter ihrem Dach:

Volkswagen PKW, Audi, Seat, Škoda Auto, Bentley, Lamborghini und Porsche.

Welche Zielgruppen lassen sich den einzelnen Marken zuordnen, und durch welche Produkt- und Preispolitik werden diese Zielgruppen angesprochen?

Marke	Zielgruppe	Produktpolitik	Preispolitik
Volkswagen			
Audi			
Seat			

Škoda			
Bentley			
Lamborghini			
Porsche			

Übungsaufgabe 3.8

Sie sind Hersteller vegetarischer Fertigprodukte. Erarbeiten Sie zunächst die für Sie relevante(n) Zielgruppe(n). Versuchen Sie dann Ihre Zielgruppe anhand einer konkreten Personenbeschreibung transparent zu machen.

a) Zielgruppenbeschreibung

____

____

____

b) Personenbeschreibung

Persönlicher Hintergrund:

Beruflicher Hintergrund:

Persönlichkeit:

Einstellungen:

...

...

Übungsaufgabe 3.9

Teil der Prada Group (https://www.pradagroup.com/en.html) sind unter anderem die Marken *Prada* und *Miu Miu*. Schauen Sie sich beide Marken an und versuchen Sie die möglichen Zielgruppen anhand einer Beispielperson zu beschreiben.

Zielgruppenbeschreibung	
Prada	Miu Miu

3.1.4 Analyse der Marktanteile

Für den Business Case spielt nun die Frage eine Rolle, wie groß der Kuchen ist, den man sich vom Gesamt- oder Teilmarkt abschneiden kann. Dieser Marktanteil multipliziert mit der Gesamtzahl verkaufter Produkte im (Teil-)Markt ergibt das Umsatzvolumen des Vorhabens.

Es gibt zwei Ansätze, um diese Frage zu beantworten. Der erste Ansatz orientiert sich explizit an den Marktanteilen pro Periode. Der Business Plan gibt demnach konkret Marktanteile vor und multipliziert diese mit dem Gesamtmarkt und erhält somit die Anzahl verkaufter Produkte. Der zweite Ansatz nimmt Marktanteile nur implizit auf. Es wird von einer bestimmten Anzahl Produkte im ersten Jahr ausgegangen und dann werden Wachstumsraten pro Jahr modelliert. Diese Vorgehensweise ermöglicht es scheinbar, dass man auf die Modellierung der Entwicklung des Gesamtmarktes verzichten kann. Eine Verifizierung der Wachstumsraten anhand der Marktanteile sollte jedoch niemals ausbleiben, wie nachfolgendes Beispiel verdeutlichen mag.

Beispiel

Wir unterstellen einen Projektionszeitraum von 10 Jahren. Ein Unternehmen hat einen Marktanteil von 1% heute. Die im Rahmen des Business Plans untersuchten Maßnahmen sollen zu einem durchschlagenden Erfolg werden und man unterstellt in zwei Szenarien jährliche Wachstumsraten von 30% bzw. 50% pro Jahr. Die folgende Tabelle gibt an, wie stark sich der Marktanteil bei unterschiedlicher Entwicklung des Gesamtmarktes (zwischen 0% und 5%) verändert.

Szenario 30%

Jahr	1	2	3	4	5	6	7	8	9	10
Wachstum Gesamtmarkt	Marktanteil des Unternehmens									
0%	1,3%	1,7%	2,2%	2,9%	3,7%	4,8%	6,3%	8,2%	10,6%	13,8%
1%	1,3%	1,7%	2,1%	2,7%	3,5%	4,5%	5,9%	7,5%	9,7%	12,5%
2%	1,3%	1,6%	2,1%	2,6%	3,4%	4,3%	5,5%	7,0%	8,9%	11,3%
3%	1,3%	1,6%	2,0%	2,5%	3,2%	4,0%	5,1%	6,4%	8,1%	10,3%
4%	1,3%	1,6%	2,0%	2,4%	3,1%	3,8%	4,8%	6,0%	7,5%	9,3%
5%	1,2%	1,5%	1,9%	2,3%	2,9%	3,6%	4,5%	5,5%	6,8%	8,5%

Szenario 50%

Jahr	1	2	3	4	5	6	7	8	9	10
Wachstum Gesamtmarkt	Marktanteil des Unternehmens									
0%	1,5%	2,3%	3,4%	5,1%	7,6%	11,4%	17,1%	25,6%	38,4%	57,7%
1%	1,5%	2,2%	3,3%	4,9%	7,2%	10,7%	15,9%	23,7%	35,2%	52,2%
2%	1,5%	2,2%	3,2%	4,7%	6,9%	10,1%	14,9%	21,9%	32,2%	47,3%
3%	1,5%	2,1%	3,1%	4,5%	6,6%	9,5%	13,9%	20,2%	29,5%	42,9%
4%	1,4%	2,1%	3,0%	4,3%	6,2%	9,0%	13,0%	18,7%	27,0%	39,0%
5%	1,4%	2,0%	2,9%	4,2%	5,9%	8,5%	12,1%	17,3%	24,8%	35,4%

Zum Vergleich: Der Marktanteil von Mercedes-Benz liegt bei Pkw-Neuzulassungen in der Europäischen Union meist zwischen 5 und 7%. Auch der Marktanteil von Apple liegt bei Smartphones weltweit bei ca. 25%. Im ersten Jahr erreichte Apple in den USA nur einen Marktanteil von ca. 3,4% obwohl die Marke Apple bekannt war und das Produkt iPhone in den Medien gehypt wurde.

Merke

Die Marktanteilsprognosen und Wachstumsraten sollten stets mehrfach plausibilisiert werden. Marktanteile auch prominenter Marken sind meist viel kleiner als erwartet.

Übungsaufgabe 3.10

Ermitteln Sie Marktanteile verschiedener Hersteller im Automobilbereich und für den Smartphone-Markt.

Marke	Jahr ...	Jahr ...	Jahr ...	Jahr ...	Jahr ...	Jahr ...

3.2 Marketing-Strategie

Um die Erfolgsaussichten eines neuen Vorhabens zu steigern, ist es wichtig, eine fundierte Marketing-Strategie zu erarbeiten, weshalb eine Ist-Aufnahme der aktuellen Situation des eigenen Unternehmens, seiner Produkte und der Unternehmensumwelt notwendig ist. Es kann aus einer Vielzahl an Werkzeugen ausgewählt werden, wobei wir gerne näher auf die **BCG-Matrix**, die **Produktlebenszykluskurve**, die **SWOT**-Analyse und auf **Porter´s Five Forces** eingehen möchten.

3.2.1 BCG-Matrix

Die BCG-Matrix dient als Hilfestellung, um Klarheit über das eigene Produktportfolio zu erhalten und hieraus geeignete Strategien abzuleiten. Dabei werden die eigenen Produkte mit Fokus auf ihren relativen Marktanteil und ihr Marktwachstum betrachtet und in das passende Feld der Matrix eingetragen. Vielversprechende *Question Marks*, welche meist noch einen negativen Cash Flow generieren, gilt es, mit zusätzlichen Investitionen zu fördern, um einen größeren relativen Marktanteil zu erreichen. *Stars* sollten ebenfalls gestärkt werden, um aus ihnen *Cash Cows* zu entwickeln. *Cash Cows* weisen bereits einen positiven Cash Flow auf und sollten so lang wie möglich als solche erhalten bleiben. *Poor Dogs* kann man in der Regel nur im Portfolio belassen, wenn diese einen positiven Deckungsbeitrag leisten.

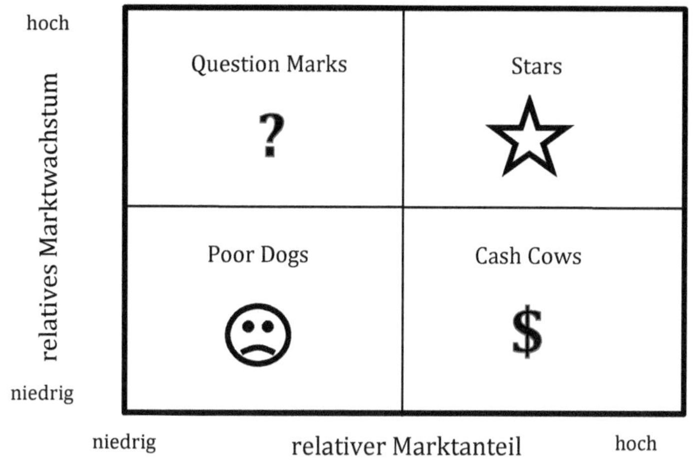

Abb. 3.1: BCG-Matrix

3.2.2 Produktlebenszykluskurve

Die Produktlebenszykluskurve bildet die klassische Entwicklung des Umsatzes während eines Produktlebens ab. In der *Einführungsphase* ist der Umsatz gering und es muss versucht werden, mit dem geeigneten Marketing-Mix auf das neue Produkt aufmerksam zu machen, um schnell einen relativen Marktanteil zu erlangen. Während der *Wachstumsphase* gilt es, die Strategie auf eine Absatzsteigerung auszurichten.

Abb. 3.2: Produktlebenszykluskurve

Wenn es ein Produkt bis in die Reifephase geschafft hat, gilt es, die vorhandene Position zu verteidigen und so lange wie möglich zu halten, denn in diesem Stadium kann am meisten an einem Produkt verdient werden. Gleichzeitig wird in dieser Phase auch eine *Sättigung* des Gesamtmarktes zu spüren sein, was zu einem Verdrängungswettbewerb führen kann. Die letzte Phase ist die *Degenerationsphase,* solange das Produkt einen positiven Deckungsbeitrag liefert, kann man es im Portfolio belassen.

3.2.3 SWOT-Analyse

Durch die SWOT-Analyse werden die internen und gegenwartsbezogenen Stärken und Schwächen ermittelt und den externen und zukunftsorientierten Risiken gegenübergestellt. Dies kann zum Beispiel mit Fokus auf ein Produkt, das Gesamtunternehmen, auf einen spezifischen Prozess geschehen. Im Anschluss sollten aus dem Ergebnis passende Strategien abgeleitet werden. Wenn möglich, sollten Risiken in Chancen und Schwächen in Stärken umgewandelt werden. Daher ist es wichtig, dass eine SWOT-Analyse sich nicht auf eine Status-quo-Betrachtung beschränkt. Vielmehr sollten aus der Analyse explizite Folgerungen gezogen werden, aus denen sich konkrete Aufgaben für das Management ergeben. Eine Weiterentwicklung der SWOT-Analyse ist die TOWS-Analyse, die zusätzlich die strategischen Optionen aufzeigt.

SWOT	heute	morgen
positiv	**Stärken**	**Chancen**
negativ	**Schwächen**	**Risiken**

Beispiel

Durch eine SWOT-Analyse wurden Biologen in Florida auf die große Bedrohung für das örtliche Ökosystem durch die Invasion der Feuerfische aufmerksam. Um aus diesem Risiko eine Chance zu machen, entwickelten sie gemeinsam mit örtlichen Restaurants schmackhafte Gerichte mit der Hauptzutat Feuerfisch.

3.2.4 Porters Five Forces

Das Konzept von Porters Five Forces ordnet das Unternehmen in sein jeweiliges Markt- und Wettbewerbsumfeld ein. Mit diesem Tool wird deutlich, welche Kräfte auf ein neues Vorhaben einwirken können. Betrachtet werden der Wettbewerb auf dem Markt, in dem man agiert, und die Einflüsse (Kunden, neue Wettbewerber, Zulieferer und Substitutionsgüter), welche von außen in den Markt einwirken können.

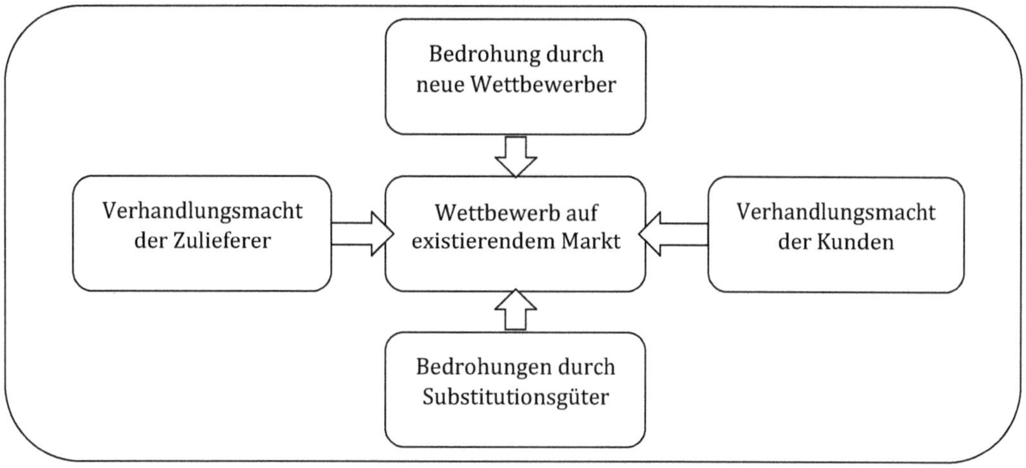

Abb. 3.3: Porters Five Forces

Merke

Es gibt nicht die eine richtige Marketing-Strategie. Zudem muss immer wieder überprüft werden, wie sich die Gesamtsituation entwickelt hat, um gegebenenfalls Anpassungen an der Strategie vorzunehmen.

Übungsaufgabe 3.11

Die Daimler AG hat unterschiedliche Antriebstechniken im Angebot. Beschriften und befüllen Sie die BCG-Matrix mit Bezug auf diese Angebotspalette.

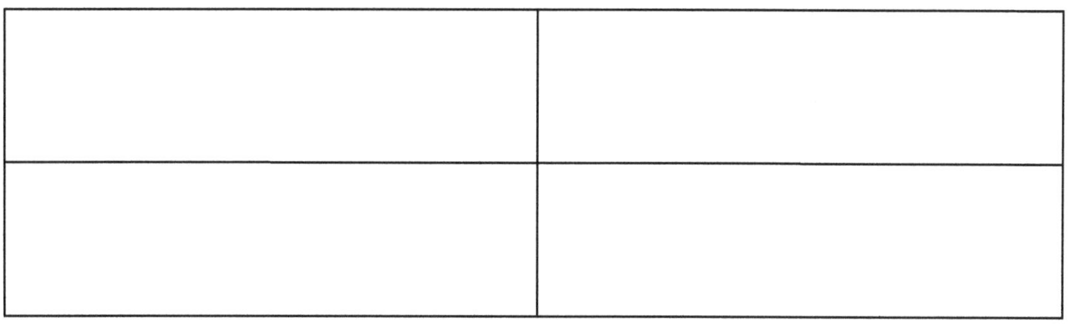

Übungsaufgabe 3.12

Tesla plant aufgrund seines großen Erfolges weitere Derivate in den Markt zu implementieren. Führen Sie eine SWOT-Analyse für Tesla durch und leiten Sie hieraus mögliche Strategien für die weitere Entwicklung von Tesla ab.

Welche Strategien können Sie hieraus ableiten?

3.3 Marketing-Mix

Unter Marketing-Mix verstehen wir die konkrete Ausgestaltung des Business Case. Während bei der allgemeinen Business Case-Beschreibung, so wie wir dies in Kapitel 2.2 behandelt haben, vor allem einige wenige Highlights oder USPs (unique selling propositions) im Vordergrund stehen, geht es nun um eine umfassende Darstellung des Vorhabens des Business Plans. Wie bei anderen Themen auch, muss selbstverständlich individuell entschieden werden, welche der nachfolgenden Aspekte wirklich relevant sind. Je produktbezogener das Vorhaben ist, desto mehr wird man sich um einen gut ausgearbeiteten Marketing-Mix bemühen.

Traditionell stehen beim Marketing-Mix vier Themen im Fokus. Die 4Ps umfassen

- die Produktstrategie (engl. **p**roduct),
- die Preisstrategie (engl. **p**rice),
- die Kommunikationsstrategie (engl. **p**romotion) und
- die Distributions- und Vertriebsstrategie (engl. **p**lace).

Auch wenn es sich beim Business Plan nicht um eine ausgefeilte Marketingstrategie handelt, ist eine Orientierung an diesen vier Gesichtspunkten durchaus nützlich. Zwischenzeitlich ist das Konzept auf 7Ps erweitert worden. Hinzugekommen sind die Personalpolitik (engl. personnel), kundenorientierte Geschäftsprozesse (engl. process management) und die Ausstattungsstrategie (engl. physical facilities), wobei diese vor allem im Dienstleistungsbereich relevant sind.

Basis für die Detaildarstellung des Vorhabens sind die Erkenntnisse aus der Marktanalyse und die strategische Zielsetzung des Unternehmens bzw. des Business Case. Es ist gut, diese Rahmenbedingungen immer wieder gedanklich aufzurufen, um einen konsistenten Business Case zu schaffen. Stellt sich bei der nachfolgenden Profitabilitätsbetrachtung heraus, dass die strategischen Ziele nicht profitabel umsetzbar sind, müssen diese ggf. geändert werden und der Marketing-Mix angepasst werden.

Merke

Marktanalyse und Marketingstrategie führen zu einer verfeinerten Ausarbeitung des Business Case. Verschiedene Faktoren sind dazu zu berücksichtigen, eine Orientierung am Konzept des Marketing-Mix ist sinnvoll, aber nicht zwingend. Auch können weitere Fragestellungen aufkommen, so dass sich der Marketing-Mix als nicht vollständig herausstellt. Eine mehrmalige Anpassung und Korrektur kann sich als notwendig herausstellen.

Übungsaufgabe 3.13

Überlegen Sie sich, welche Schwerpunkte Sie im Rahmen der 4Ps setzen würden, falls Sie nachfolgende strategische Ziele haben:

Strategisches Ziel	Produkt	Preis	Kommunikation	Vertrieb
Jährliche Umsatzsteigerung um mindestens 15%				
Erhöhung des Marktanteils auf 10% des Marktsegments				
Qualitätsverbesserung: Reduktion fehlerhafter Produkte um 30%				
Qualitätsverbesserung: Erhöhung der Servicequalität				
Qualitative Wahrnehmung meiner Produkte verbessern				
Erhöhung der Kundenzufriedenheit gemessen durch Telefonbefragung				
Erhöhung der Brand-Awareness (Markenbekanntheit)				
Markteintritt (international)				

3.3.1 Produktstrategie

Bei der Produktbeschreibung geht es um die grundsätzliche Festlegung des Vorhabens. Was sind die wesentlichen Eigenschaften des Produkts, des Prozesses bzw. ganz allgemein des Business Case. Hierzu gehören neben dem Kernprodukt

- die Darstellung von Serviceleistungen und zusätzlichen Angeboten,
- die angestrebte Qualität,
- der Produktname,
- die Verpackungsgröße und die Art der Verpackung.

Für das Kernprodukt sollten Sie sich auf die Alleinstellungsmerkmale, die sogenannten USPs, konzentrieren und herausarbeiten, was Ihr Vorhaben von anderen unterscheidet. Für die meisten Adressaten steht hierbei der Kundennutzen im Vordergrund.

Serviceleistungen könnten ein kostenloser Transport zum Kunden oder zusätzliche kostenfreie Beratung- und Schulungsleistungen sein. Als zusätzliche Angebote könnte man sich Garantieverlängerungen und Ergänzungsprodukte vorstellen. Tatsächlich ist es in vielen Branchen inzwischen üblich, das Kernprodukt extrem günstig anzubieten, um dann über Zusatzleistungen Geld zu verdienen. Ein neuer Trend im Automobilsektor ist es, die Fahrzeuge besser ausgestattet herzustellen und die Ausstattungsmerkmale anschließend als Abonnementleistung zu verkaufen.

Die Qualität eines Produkts wird in fast jedem Business Case als eines der zentralen Themen beschrieben. Achten Sie darauf, dass hohe Produktqualität in aller Regel ihren Preis hat. Dies sollte an anderer Stelle entsprechend aufgegriffen werden. Gleichzeitig bietet eine hohe Produktqualität Potenzial, Kosten zu sparen, wenn beispielsweise hierdurch die Kosten für Gewährleistungsansprüche entstehen oder weniger Ausschuss in der Produktion anfällt.

Der Produktname ist ein zentraler Teil der Produktstrategie. Im Rahmen von Business Plänen spielt der Name des Produkts oder des Vorhabens meist noch nicht die große Rolle. Die endgültige Festlegung erfolgt zumeist in einem späteren Stadium. Gute Namensideen müssen aber selbstverständlich nicht verheimlicht werden.

Unter Verpackung subsumieren wir hier alles, was im Zusammenhang mit dem Produktverkauf steht. Bei einem Freizeitpark kann man als Verpackungsgrößen beispielsweise verstehen, dass es neben Einzeltickets auch Gruppen- und Familientickets gibt.

Merke

Ein Produkt oder Vorhaben bietet neben der eigentlichen Kernidee meist weitere Möglichkeiten, um zusätzliche Gewinne zu generieren. Neben den Gewinnchancen ist es wichtig, den Zusatznutzen für den Kunden aufzuzeigen.

Übungsaufgabe 3.14

Beschreiben Sie für einen Freizeitpark Ihrer Wahl, durch welche zusätzlichen Leistungen neben dem eigentlichen Kernprodukt Geld verdient wird.

3.3.2 Preisstrategie

Die Preisgestaltung ist eines der schwierigsten Themen im Rahmen eines Business Plans. Die Annahmen gehen direkt in die Profitabilitätsrechnung ein und haben großen Einfluss auf die abschließende Bewertung des Vorhabens. Ein paar Dinge sind bei der Preisgestaltung besonders zu beachten:

- mögliche Markteintrittsstrategien
- Preiselastizität
- Marktform
- Preisveränderungen im Laufe des Projektionszeitraums
- Antizipation möglicher Preisanpassungen der Konkurrenz
- Inflation und Kostensteigerungen
- Rabatt- oder Zuschlagspolitik
- Zahlungsmodalitäten

Der Markteintritt erfordert häufig Zugeständnisse beim Preis. Potenzielle Kunden müssen dazu bewogen werden, das neue Produkt zumindest zu testen. Bei Massenprodukten dienen hierzu oft Rabattaktionen gemeinsam mit flankierenden Werbemaßnahmen. Bei Luxusgütern werden dagegen manchmal sogar eine künstliche Verknappung und ein entsprechend hoher Preis angestrebt.

Preiselastizität beschreibt, inwieweit der Produktabsatz sensitiv auf Preisänderungen reagiert. Ist die Preissensitivität groß, muss genau auf die Preisannahmen geachtet werden und möglicherweise sind zusätzliche Sensitivitätsanalysen notwendig. Bei geringer Preissensitivität kann es sich beispielsweise um Luxusgüter handeln.

Grundsätzlich spielt bei der Preispolitik die Marktform eine wichtige Rolle. Handelt es sich beispielsweise um ein völlig neues Produkt, kann man quasi als Monopolist seinen Preis gestalten bis die ersten Nachahmer den Markt betreten. In einem oligopolistischen Markt werden die anderen wenigen Mitstreiter sich schnell anpassen, um keine Marktanteile zu verlieren. Wohingegen in einem Polypol alle klassischen Preisbildungsmodelle angewandt werden können.

Da der Business Plan mehrere Perioden abdecken sollte, ist es notwendig, sich über die anschließende Preisentwicklung Gedanken zu machen. Typischerweise sinken die Kosten pro Produkt bei Erhöhung der Produktion, weil der Fixkostenanteil pro Produkt sinkt. Die Erhöhung der Marge führt letztendlich zu einer Gewinnsteigerung. Selbstverständlich könnten die Vorteile aber auch in Form von Preisreduktion oder Serviceerhöhung an den Kunden weitergegeben werden. Darüber hinaus könnte dies allein schon deshalb notwendig sein, weil neue Anbieter in den Markt eintreten, die Konkurrenz erhöhen und einen Preisdruck auslösen.

Die Preispolitik der Konkurrenz vorherzusagen, ist selbstverständlich nur sehr eingeschränkt möglich. In jedem Fall sollte man sich aber darüber im Klaren sein, dass die eigene Preispolitik eine Reaktion der Konkurrenz auslösen wird.

Inflation hat grundsätzlich eine Erhöhung der Kosten zur Folge, andere Einflussfaktoren können aber auch zu Kostensteigerungen führen (z.B. Fachkräftemangel, Einfuhrbeschränkungen, Abgaben etc.). In wie weit solche Kostensteigerungen an die Kunden weitergegebenen werden können, ist bei der Modellierung zu entscheiden.

Rabatt- und Zuschlagspolitik beschreibt allgemein, ob für bestimmte Kunden besondere Preise vorgesehen sind. Ein Freizeitpark beispielsweise bietet Rabatte für Familien oder Saisonkarten an.

Zahlungsmodalitäten beziehen sich in erster Linie auf die gewährten Zahlungsziele. Je länger die Zahlungsziele, desto höher der Kapitalbedarf des Business Case, da eine Vorfinanzierung notwendig ist. Darüber hinaus ist zu beachten, ob hierfür ein (impliziter) Zins verlangt werden kann und ggf. wie hoch dieser dann ist.

Merke

Preisüberlegungen müssen zur Strategie und den gesetzten Qualitätsanforderungen passen. Preise können sich im Laufe der Projektionsperioden verändern, hierzu sind verschiedene Einflussfaktoren zu berücksichtigen, die sowohl zu Preisanstiegen als auch zu Preisrückgängen führen können.

Beispiel

Das private Softwareunternehmen Entergence AG („Entergence“) steht mit einer neuen Software N-Tech vor der Markeinführung. Die Software ermöglicht Unternehmen aus der Energiewirtschaft, ihre Wartungskosten für Kraftwerke und Stromnetze um bis zu 10% p.a. zu senken. Entergence ist kapitalmarktorientiert. Die Gründerinnen haben von Investoren gehört, dass der Kapitalmarkt Unternehmen mit hohem Wachstum bevorzugt. Außerdem würden Unternehmen mit stabilen Umsätzen höher bewertet als Vergleichsunternehmen mit stärkeren Umsatzschwankungen.

Entergence hat daher beschlossen, seinen Kunden N-Tech im Rahmen von Software-as-a-Service-Verträgen („Saas“) anzubieten. Statt eines Einmalpreises von € 120.000,– pro Nutzer-Konto werden den Kunden jeweils € 15.000, – p.a. Miete berechnet. So senken die Kunden signifikant den hohen Anfangsaufwand für das Einmalpaket, den viele Einkäufer als prohibitiv hoch kritisiert haben. Der Energence-Vertrieb kann seinen Kunden zudem in Modellrechnungen zeigen, dass mittelfristig die Einsparungen durch die Software die SaaS-Aufwendungen und Implementierungskosten deutlich übertreffen.

Die Vertragslaufzeit für N-Tech beträgt mindestens drei Jahre. Entergence ist aber zuversichtlich, dass die meisten Kunden die Software länger als zehn Jahre nutzen werden. Durch das neue Bezahlmodell erhöht sich folglich der kalkulierte Gesamtumsatz pro Kunde. Im ersten Jahr können zudem plangemäß sehr viel mehr Kunden gewonnen werden. Außerdem sind die künftigen Erträge für das neue Produkt durch das SaaS-Preismodell hervorragend langfristig planbar.

Übungsaufgabe 3.15

Beschreiben Sie die Preisstrategie der Smartphone-Hersteller für eine Produktgeneration.

Produkt	Jahr 1	Jahr 2	Jahr 3	Jahr 4
Apple iPhone 14 Pro Max				
*Samsung Galaxy S23**				
Google Pixel 7 Pro				
Xiaomi 13				
...				

Übungsaufgabe 3.16

Diskutieren Sie mit Freunden die Preiselastizität folgender Produkte! Berücksichtigen Sie unterschiedliche Preise und Qualität!

Produkt	**Preiselastizität**		
	schwach	mittel	stark
Smartphone			
Auto			
Milch			
Bier			
Urlaubsreise			
...			
...			

3.3.3 Kommunikationsstrategie

Unter der Kommunikationsstrategie oder -politik werden alle Maßnahmen verstanden, die der Promotion des Vorhabens dienen. Meist konzentriert der Ersteller sich hierbei vor allem auf Werbemaßnahmen, doch sollte sich die Analyse nicht nur auf diese beschränken. Weitere Themen könnten Verkaufsförderung und Public Relation sein.

Es gibt zwei Ansätze, um die Kosten für die Kommunikationsstrategie abzuschätzen:

- Vorgabe eines Budgets, das sich am Umsatz oder an einer anderen Größe orientiert
- explizite Berechnung der Kosten einzelner Maßnahmen

Auch wenn es manchmal schwierig erscheinen mag, sollte der Ersteller des Business Plans auch versuchen, beide Ansätze für eine wechselseitige Plausibilisierung anzuwenden. Dies gilt insbesondere für Business-Plan-Ersteller, die nicht im Marketing zuhause sind.

Ansätze wie Guerilla oder Influencer Marketing und der Einsatz von Social Media sind oft dadurch gekennzeichnet, dass sie entweder ein Riesenerfolg oder ein totaler Flop werden. Viele Entscheider sind deshalb bei einer zu einseitigen Konzentration hierauf skeptisch. Sinnvollerweise werden solche Ideen deshalb im Rahmen eines Business Plans durch klassische Werbemaßnahmen ergänzt.

Merke

Die Kommunikationspolitik umfasst alle Maßnahmen, die das Unternehmen ergreift, um mit den Kunden des Business Case in Kontakt zu kommen. Eine klare Vorstellung der Zielgruppe des Vorhabens ist hierbei unabdingbar. Im Übrigen gilt meist ein Zitat von Henry Ford: "I know at least half of my advertising budget works; I just don't know which half."

Übungsaufgabe 3.17

Suchen Sie sich drei beliebige Produkte heraus! Überprüfen Sie die Kommunikationsstrategie des Unternehmens in Bezug auf diese Produkte und machen Sie sich Gedanken zur vermutlichen Zielgruppe der Produkte. Passt die Strategie aus Ihrer Sicht zur möglichen Zielgruppe?

Produkt 1:

Produkt 2:

Produkt 3:

3.3.4 Distributions- und Vertriebsstrategie

Unter Distributions- und Vertriebsstrategie verstehen wir alle Maßnahmen, die dazu dienen, das Produkt oder die Dienstleistung zum Kunden zu bringen. Es geht also zum einen um

- logistische Fragestellungen, etwa wo wird die Dienstleistung angeboten, wo das Produkt hergestellt, gelagert und schließlich verkauft, und zum anderen um
- die Frage der Absatzkanäle, also die Frage, wer letztendlich das Produkt verkauft.

Selbstverständlich wird auch für den logistischen Themenkomplex in den meisten Fällen noch eine detaillierte Planung erfolgen, aber bereits im Rahmen des Business Plans muss ein Grobkonzept vorhanden sein. Hier ist insbesondere auf die Konsistenz zur Standortplanung und der Finanzplanung zu achten.

Die Frage der Absatzkanäle ist mit der Kommunikationsstrategie abzustimmen. Allerdings steht nicht unbedingt jeder Absatzkanal für das eigene Vorhaben offen. Die Kosten bzw. Margen für den Verkäufer oder Vermittler sind oft überraschend hoch, auch muss stets beachtet werden, dass der Verkäufer eines Produkts oder der Vermittler einer Dienstleistung am eigenen Profit interessiert ist und nicht am Profit des Herstellers (oder des Erstellers eines Business Plans). Strategien, die mehrere Absatzkanäle vorsehen, müssen auf ihre finanzielle Machbarkeit und auf unerwünschte Kannibalisierungseffekte überprüft werden.

Merke

Die Distributions- und Vertriebsstrategie stellt sicher, dass ein Produkt oder eine Dienstleistung zum Kunden kommt und ein geeigneter Absatzkanal ausgewählt wird.

Übungsaufgabe 3.18

Sie versuchen als Dienstleistungsunternehmen mit sechs Standorten, eine möglichst große Kundenzahl in Deutschland zu erreichen. Als Ziel haben Sie sich gesetzt, den Kunden in maximal zwei Stunden zu erreichen. Welche Standorte würden Sie wählen? Wie viele Kunden könnten Sie dann theoretisch erreichen und welche Flächen würden Sie ungefähr abdecken?

Standort	Anzahl potenzieller Kunden	abgedeckte Fläche
1		
2		

3		
4		
5		
6		

Übungsaufgabe 3.19

Als internationaler Kosmetikkonzern möchten Sie nachfolgende Produkte vertreiben. Welche Absatzkanäle würden Sie wählen?

Produkt	**Absatzkanäle**
billige Tagescreme	
exklusive Antifaltencreme	
Rasierschaum	
billiges Haarshampoo	
teures Haarshampoo	

3.3.5 Weitere Aspekte

Das Konzept der 7Ps stellt, wie bereits erwähnt, eine Weiterentwicklung des Konzepts der 4Ps dar, welches vor allem im Dienstleistungsbereich Anwendung findet. Im Rahmen von Business Plänen können die 7Ps als Checkliste verwendet werden. Aufgrund des hohen Bekanntheitsgrades beider Ansätze muss damit gerechnet werden, dass hierzu Fragen bzw. Rückfragen gestellt werden. Es ist deshalb vorteilhaft, wenn man zumindest erläutern kann, warum ein bestimmter Punkt aus Sicht des Erstellers weniger oder überhaupt nicht relevant ist.

Die **Personalpolitik** (personnel) beschäftigt sich zum einen mit Kapazitätsfragen zum anderen mit Qualifizierungsanforderungen. Beides ist eng verbunden mit der Standortwahl. Es muss geprüft werden, ob qualifiziertes Personal in ausreichender Anzahl verfügbar ist und inwiefern gegebenenfalls Qualifizierungsmaßnahmen möglich oder erforderlich sind. Entsprechende Kosten sind zu ermitteln und im Finanzplan zu berücksichtigen.

Der Themenkomplex **kundenorientierte Geschäftsprozesse** (process management) setzt sich mit der Frage auseinander, welche Maßnahmen ergriffen werden müssen, um den Kontakt zum Kunden zu optimieren, d.h. es geht darum zu ermitteln, wer mit dem Kunden in Kontakt tritt, wann und wie er das tut und welche Unterstützung er dabei benötigt. Die Beschäftigung mit entsprechenden Geschäftsprozessbeschreibungen hilft, vernünftige Kostenabschätzungen vorzunehmen.

Häufig liegt der Schwerpunkt bei Ausstattungsfragen im Rahmen des Business Plans zunächst bei Anforderungen aus der Produktion, d.h. Maschinen, Gebäude etc. Meistens zeichnen sich Business Pläne hier eher durch spartanisches Verhalten und Denken aus. Die **Ausstattungspolitik** (physical facilities) ist wieder stärker vertriebsorientiert und stellt in gewisser Weise eine Sensibilisierung für den Business Plan dar, da im Kundenkontakt häufig zusätzliche Aufwendungen notwendig sind, etwa ansprechende Empfangsräume, gut ausgestattete Besprechungszimmer etc.

Merke

Der Marketing-Mix sowohl in der Version als 4Ps als auch in der Version mit 7Ps kann als Checkliste dienen, um viele relevante Gesichtspunkte eines Business Case zu berücksichtigen. Die Liste muss nicht abschließend sein, sollte aber auch nicht zwanghaft abgearbeitet werden.

Übungsaufgabe 3.20

Ihre Universität bekommt ein neues Gebäude. Diskutieren Sie mit Bekannten, ob folgende Einrichtungen notwendig sind:

Einrichtung	Beurteilung
Lernecken	

separate Lernräume	
Cafeteria	
Terrasse mit Liegestühlen	
Klimaanlage	
...	

3.4 Nachhaltigkeitsaspekte

Das vorrangige Ziel eines Business Plan ist es, Investitionsentscheidungen auf ihre Vorteilhaftigkeit beziehungsweise Profitabilität zu überprüfen. Nachhaltige Maßnahmen und Nachhaltigkeit an sich stehen dabei nicht unbedingt im Fokus der Analyse, allerdings sind viele Aspekte nachhaltigen Wirtschaftens natürlicher Bestandteil wirtschaftlichen Handelns. Auch spielt Nachhaltigkeit eine zunehmend wichtige Rolle bei Entscheidungsträgern, seien es Investoren oder bei der öffentlichen Wahrnehmung. Ersteres kann Finanzierungen in Frage stellen, letzteres zweifelsohne zu wirtschaftlichen Einbußen führen. Ein Unternehmen tut deshalb gut daran, sich mit der Thematik auseinanderzusetzen. Man wird dabei auch feststellen, dass viele bereits lange am Markt erfolgreiche Unternehmen, Aspekte der Nachhaltigkeit schon seit jeher berücksichtigt haben. Auch wenn man konstatieren muss, dass manches erst auf Druck durch den Gesetzgeber vorangetrieben wurde. Leider ist auch häufig ein sogenannter „Greenwashing"-Effekt zu bemerken, bei dem Unternehmen Eigenschaften positiver darstellen als sie sind oder nur einseitig betrachten und darstellen.

Es sei an dieser Stelle angemerkt, dass es nicht *die* eine Nachhaltigkeitsdefinition gibt. Aus Sicht des Erstellers eines Business Plans ist es zudem von deutlich größerer Bedeutung, dass die Zielgruppe des Business Plans häufig ganz unterschiedliche Vorstellungen von Nachhaltigkeit haben kann. Manche Entscheider verstehen unter Nachhaltigkeit vor allem die langfristige erfolgreiche Existenz des Unternehmens, andere konkret die Umsetzung eines Triple Bottom Line Ansatzes. Dieser Ansatz drückt aus, dass das Profitabilitätsziel des Unternehmens um Umweltziele und soziale Ziele ergänzt wird.

Merke

Eine zunehmende Bedeutung gewinnen die sogenannten **ESG-Kriterien** als Gütesiegel für Nachhaltigkeit. ESG steht hierbei für Environment (E), Social (S), Governance (G). Ein damit einhergehendes Managementkonzept wird oft auch als **Triple Bottom Line** bezeichnet.

Beispiel

Nachhaltigkeit, die sich an den ESG-Kriterien misst, sollte sich nicht nur auf Umweltaspekte fokussieren. Der Elektroauto-Pionier *Tesla* geriet 2022 in die Schlagzeilen, weil er die ESG-Kriterien nicht in der Gesamtheit erfüllte (vgl. z.B. https://www.trendingtopics.eu/tesla-erfuellt-wichtige-esg-kriterien-nicht-musk-nennt-esg-betrug/Tesla).

Übungsaufgabe 3.21

Diskutieren Sie, welche Auswirkungen die Nachhaltigkeitsstrategie folgender Unternehmen auf die 7Ps hat bzw. haben könnte.

a) Tesla Inc., b) KPMG International Limited, c) International Business Machines Corporation (IBM), d) Altria Group Inc., e) Hugo Boss AG

	Tesla	**KPMG**	**IBM**	**Altria**	**Hugo Boss**
Product					

Price					
Promotion					
Place					
Personnel					
Processes					
Physical Facilities					

Übungsaufgabe 3.22

Analysieren Sie die Entwicklung der VW AG vor und nach dem sogenannten Dieselskandal 2015. Betrachten Sie zum Beispiel die Entwicklung der Verkaufszahlen und des Profits. Vergleichen Sie dies mit der Entwicklung des Aktienkurses als Indikator für die langfristige Profitabilitätserwartung durch den Kapitalmarkt. Versuchen Sie auch die Auswirkungen auf die Managergehälter zu ermitteln. Diskutieren Sie in diesem Zusammenhang das Prinzipal-Agenten-Problem! Welche Vorteile haben sich für Aktionäre vor Bekanntwerden des Skandals ergeben?

Übungsaufgabe 3.23

Wählen sie 3 Unternehmen aus, die aus Ihrer Sicht Greenwashing betreiben. Warum handelt es sich hierbei um Greenwashing? Was könnte aber gegebenenfalls auch für die Darstellung des Unternehmens sprechen?

	Unternehmen	**Diskussion**
1		
2		

3		

Aus rein wirtschaftlicher Sicht sind im Zusammenhang von Nachhaltigkeitsthemen vor allem Risiken, die durch nicht nachhaltiges Verhalten entstehen, von Bedeutung. Dies könnten zum Beispiel folgende Aspekte sein:

- Reputationsrisiken,
- Risiko der Mitarbeiterfluktuation,
- Risiko eines komplett verwehrten oder erschwerten Zugangs zu Finanzierungen,
- Risiko von veränderten rechtlichen Rahmenbedingungen

Reputationsrisiken bezeichnen das Risiko, dass sich der Ruf und das Ansehen eines Unternehmens in der öffentlichen Wahrnehmung verschlechtern. Dies kann unmittelbar zur Folge haben, dass Kunden Konkurrenzprodukte bevorzugen. Umsatzeinbußen und damit geringere Profitabilität sind die Folge. Auch massive Gegenmaßnahmen, wie etwa intensive Marketingkampagnen oder Preissenkungen können dann oftmals nicht verhindern, dass Kunden für immer abwandern.

Das Risiko von **Mitarbeiterfluktuation** beschreibt die Tatsache, dass Mitarbeiter, insbesondere natürlich die motiviertesten und produktivsten, nicht langfristig an das Unternehmen gebunden werden können. Sie verlassen dieses bereits nach kurzer Zeit und stärken zugleich die Konkurrenz. Offensichtlich erhöhen schlechte Arbeitsbedingungen, niedrige Löhne und unzureichende soziale Absicherung das Risiko. Der dadurch notwendig werdende Prozess der ständigen Mitarbeitergewinnung wird durch negative Reputation erschwert und gleichzeitig kostspielig. Auch negative Effekte auf die Produkt- und Dienstleistungsqualität des Unternehmens sind wahrscheinlich.

Das Risiko, keinen oder nur eingeschränkten **Zugang zu Finanzierungen** zu haben, kann existenzbedrohende Folgen für ein Unternehmen haben. Im günstigsten Fall erhöhen sich hierbei nur die Finanzierungskosten, also zum Beispiel die Zinszahlungen. Verweigern Fremd- und Eigenkapitalgeber jedoch finanzielle Mittel komplett, so müssen diese entweder durch den operativen Cash Flow generiert werden oder das Unternehmen ist zwangsläufig zum Schrumpfen gezwungen. An dieser Stelle sei beispielsweise auf die EU-Taxonomie verwiesen, mit der auf die Kreditvergabe anhand von Nachhaltigkeitskriterien regulatorisch Einfluss genommen wird. Unternehmen, die als nicht „nachhaltig" eingestuft werden, droht die Abschneidung von der Fremdkapitalversorgung.

Das Risiko **veränderter rechtlicher Rahmenbedingungen** kann zum einen Strafzahlungen, zum anderen Geschäftsverbote oder -beschränkungen zur Folge haben. Strafzahlungen beschreibt hierbei nicht nur das heutige Risiko aufgrund von gesetzeswidrigem Verhalten verurteilt zu werden, sondern auch mögliche zukünftige Szenarien. Strafzahlungen führen offensichtlich direkt zu schlechteren Cash Flows und damit geringerer Profitabilität. Im schlimmsten Fall kommt es zu konkreten Verboten und Geschäftsbeschränkungen, die eine Anpassung des Geschäftsmodells zur Folge haben könnten. Unternehmen tun deshalb gut daran, zukünftige gesetzliche Entwicklungen zu analysieren und einzuschätzen.

Merke

Risiken haben stets den Charakter einer gewissen **Unsicherheit**. Treten Risiken nicht ein, stellen sich vorher getroffene Maßnahmen als unnötig, ein vorher eingekaufter Versicherungsschutz als reiner Kostenfaktor dar.

Beispiel

Ziel eines Lieferkettengesetzes ist es, dass Unternehmen die Verantwortung für ihren gesamten Produktionsprozess übernehmen. Dies schließt Vorleistungen von Zulieferern mit ein. Ein entsprechender Rechtsrahmen soll dafür sorgen, dass sich Unternehmen aktiv für Maßnahmen zum Schutz der Umwelt und für akzeptable Arbeitsbedingen auch bei ihren Zulieferern einsetzen. Im Falle von Verstößen gegen geltendes Recht sind Strafen vorgesehen.

Übungsaufgabe 3.24

Die Alfred Ritter GmbH & Co. KG ist bekannt für die gleichnamige Ritter Sport Schokolade. Viele Vorprodukte werden aus Ländern der Dritten Welt bezogen. Untersuchen Sie, welche Auswirkungen ein Lieferkettengesetz für das Unternehmen hat.

Übungsaufgabe 3.25

Sie sind Chef eines internationalen Automobilherstellers. Versuchen Sie die zukünftige Entwicklung der Antriebstechnik vorherzusagen. Welche Szenarien können Sie sich vorstellen? Welche Wahrscheinlichkeit würden Sie den einzelnen Szenarien zuordnen?

	Szenario	**Wahrscheinlichkeit**
1		
2		
3		
...		

3.5 Business Cases

Wir wollen im Folgenden anhand von drei Business Cases unterschiedliche Aspekte der in diesem Kapitel behandelten Themen aufgreifen. Ein Marketingplan besteht immer aus dem komplexen Zusammenwirken aller seiner Einzelteile. Im Rahmen eines Business Plans erfolgt die Konzentration auf die wesentlichen Aspekte. Der Plan muss die groben Zusammenhänge deutlich machen. Im Laufe des Erstellungsprozesses ergeben sich immer wieder neue Perspektiven, die es notwendig machen, die Analyse neu zu starten bzw. zumindest punktuell Änderungen oder Verbesserungen vorzunehmen.

Merke

Ein Marketingplan muss immer wieder auf seine Konsistenz geprüft werden, so dass schon während des Entstehungsprozesses immer wieder Anpassungen vorgenommen werden können und bereits festgelegte Aspekte korrigiert werden.

3.5.1 NewMan

Das Start-up Unternehmen NewMan möchte den Markt für modische und umweltfreundliche Herrenunterwäsche erobern. Die Kunden sind entsprechend jung, mode- und umweltbewusst sowie eher qualitäts- als preisorientiert. Die Gründer beabsichtigen, externes Kapital von Business Angels oder VC-Fonds für die Ausweitung ihrer Produktion und ihres Onlinevertrieb einzuwerben.

Das E-Commerce Unternehmen legt großen Wert auf die Qualität und das Design seiner Produkte, aber auch Nachhaltigkeit bei der Produktion, den verwendeten Materialen und im Vertrieb. Zur eigenen Standortbestimmung führt das Unternehmen eine kurze SWOT-Analyse durch. Die SWOT-Analyse soll den Gründern bei der eigenen Strategieentwicklung helfen und zudem externe Investoren von den unternehmerischen Perspektiven von NewMan überzeugen.

SWOT-Analyse für NewMan

	Stärken	Schwächen
interne Analyse / **externe Analyse**	• Produktqualität und -design • niedrige Fixkosten dank Online-Verkauf • umweltfreundliche Produktion	• hohe Stückkosten • kurze Historie und noch eher geringe Markenbekanntheit • geringe Finanzkraft
Chancen	→	→
• Nachhaltigkeitstrend • Kooperationsmöglichkeiten im Vertrieb	*Umwelttrend voll ausnutzen durch entsprechend nachhaltige Produktion sowie Transportmittel*	*Umsatz durch PR-wirksame und kostengünstige Vertriebskooperationen schneller steigern*
Risiken	→	→
• internationale Handelskonflikte • neue Wettbewerber in Nachhaltigkeitssegment	*Wertschöpfungskette in Deutschland behalten*	*baldige Stärkung der internen Finanzierungskraft durch Kostendegression*

Die SWOT-Analyse ermöglicht es den Gründern von NewMan, einige wichtige Schlüsse für die Weiterentwicklung von NewMan zu ziehen. Aus der kompakten Analyse ergibt sich, dass mit externen Vertriebspartnern das Wachstum beschleunigt werden sollte. Eine Fokussierung auf den Standort Deutschland eliminiert externe Imponderabilien und erleichtert die werbewirksame Vermarktung des eigenen Nachhaltigkeitskonzeptes. Die SWOT-Analyse kann noch vertieft und später mit der Finanzplanung verbunden werden.

3.5.2 CinCin

Sie repräsentieren als CEO das US-Unternehmen „CinCin", welches einer der führenden Hersteller von Premium-Textilprodukten ist. Da Sie in neue Märkte expandieren möchten, entscheidet der Vertriebsvorstand auf Basis einer einfachen Pro-Contra-Liste, nach „Fashionland" zu expandieren. Sie beauftragen Ihre Marketingexperten, eine Analyse des Gesamtmarktes und die anschließende Marktsegmentierung durchzuführen. Folgendes können Sie aus dem Bericht Ihrer Marketingabteilung entnehmen:

Im Zielmarkt leben insgesamt genau 100 Millionen Menschen. Bedingt durch eine weltweite Pandemie sind zu diesem Zeitpunkt auch hier alle Einwohner ab einem Alter von 16 Jahren zum Tragen einer Alltagsmaske verpflichtet. Da eine solche Situation neu ist, ist keiner der örtlichen Hersteller darauf eingestellt, kurzfristig Alltagsmasken herzustellen, was unser Vorhaben attraktiver macht.

Die 0- bis 15-Jährigen machen insgesamt 15% der Bevölkerung aus. Somit sind 85 Millionen Einwohner (85%) zum Tragen einer solchen Maske im Alltag verpflichtet. In Fashionland bevorzugen 35 Millionen der 85% das Tragen von Einwegmasken. Da die Einwohner sehr umweltbewusst sind, bevorzugen die restlichen 50 Millionen auswaschbare Mehrwegmasken. Es ist zu erwarten, dass jeder von ihnen im Schnitt 3 Mehrwegmasken pro Jahr kaufen wird. Die Hälfte dieser 50 Millionen gehört zum „Premium Milieu", verfügt über ein hohes Einkommen und bevorzugt Premiumprodukte, die ihren finanziellen Status repräsentieren. Es ist zu erwarten, dass 10% der 25 Millionen aus dem „Premium Milieu" sich von unserer Marke angesprochen fühlen. Der Gesamtmarkt für unsere Produkte besteht somit aus 2,5 Millionen potenziellen Kunden, die jeweils 3 Alltagsmasken pro Jahr kaufen würden.

Aufgrund einer konservativen Annahme wird unterstellt, dass jeder dieser 2,5 Millionen potenziellen Kunden durchschnittlich eine Maske Pro Jahr aus unserem Hause erwerben wird. Somit ist mit einem Absatz von 2,5 Millionen Masken pro Jahr zu rechnen. Bei einem Gesamtmarkt von 150 Millionen Mehrwegmasken pro Jahr entspricht dies einem zu erwartenden Marktanteil von ca. 1,67%. Im Premium-Mehrwegmasken Segment mit Gesamtmarktpotenzial von 7,5 Millionen Masken pro Jahr wäre dies an Marktanteil von 33,33%. Bezogen auf die Gesamtbevölkerung von 100 Millionen entspricht dies 2,5% am Gesamtmarkt.

Die Ergebnisse lassen sich wie folgt zusammenfassen:

	in Millionen
Gesamtbevölkerung in Fashionland	100
unter 16-Jährige	15
Maskenträger	85
Einwegmasken-Träger	35
Mehrwegmasken-Träger	50
Premium Milieu	25
Potenzielle CinCin-Kunden für Premium-Mehrwegmasken	**2,5**

Der vorgelegte Bericht und die Präsentation Ihrer Marketingabteilung überzeugen Sie. Folglich geben Sie die Gelder für die Expansion frei.

3.5.3 VodFit

Ein bisher ausschließlich national aufgestellter Wodka-Produzent (VodFit Ltd.) mit einem Marktanteil von 5% im Heimatmarkt sieht sich mit sinkenden Gewinnmargen konfrontiert. Der Bekanntheitsgrad von VodFit-Wodka liegt im Heimatmarkt bei ca. 80%. Eine Porters-Five-Forces Analyse hat einige Schwächen ans Licht gebracht. Insgesamt sieht sich das Unternehmen verstärkt im Wettbewerb mit größeren international agierenden Konkurrenten. Das Unternehmen hat gegenüber Lieferanten eine schwindende Marktmacht, weil die abgenommenen Mengen im Vergleich zur Konkurrenz zu gering sind. Im Heimatmarkt sind zudem vermehrt Substitutionsgüter – trendige Mixgetränke – erfolgreich. Außerdem befürchtet die VodFit Ltd., dass sie bei einem Großkunden (eine internationale Supermarktkette) aus dem Sortiment genommen wird.

Als Ergebnis der Analyse entscheidet die Geschäftsführung, eine Internationalisierungsstrategie zu wagen. Ziel ist der deutsche Markt, weil er in Europa das größte Volumen verspricht, und die Marke aufgrund von Urlaubern und Spätaussiedlern zumindest einen geringen Bekanntheitsgrad besitzt.

Das Ergebnis einer darauf erfolgten Marktanalyse ergibt folgende Ergebnisse:

Als Hauptzielgruppe wird definiert:

- Alter: 18-49;
- Party-People;
- regelmäßige Alkoholkonsumenten.

Insgesamt geht VodFit Ltd. hierbei von einem Marktvolumen von 10-12 Millionen Menschen aus und setzt sich als Ziel, einen Bekanntheitsgrad von mindestens 50%

innerhalb der Zielgruppe in den nächsten 2 Jahren zu erreichen. Daraus leitet das Management ab, einen Marktanteil von insgesamt 0,5% in Deutschland erreichen zu können. Die Zielgruppe verfügt über ein gesichertes Einkommen und ist im Bereich Getränkekonsum gering preissensitiv.

Für einen erfolgreichen Markteintritt wird folgender Marketing-Mix festgelegt:

- **Produktstrategie**
  VodFit-Wodka soll sich im Markt durch eine spezielle Geschmackskomponente unterscheiden, deshalb wird für den deutschen Markt das Originalrezept leicht verändert. Die Flaschen sollen ein besonderes Design erhalten, das die Marke VodFit unverwechselbar macht.
- **Preisstrategie**
  VodFit-Wodka soll im durchschnittlichen Preissegment angesiedelt werden. Zu Beginn soll durch eine Penetrationsstrategie der Bekanntheitsgrad schnell gesteigert werden.
- **Kommunikationsstrategie**
  Da die Steigerung des Bekanntheitsgrades im Vordergrund steht, sieht VodFit zwei mögliche Ansätze als vielversprechend an. Das eher jung besetzte Marketing-Team strebt einen massiven Einsatz von YouTube-Werbung und Werbebotschaften über Instagram an, die eher konservative Geschäftsführung präferiert Fernsehwerbespots bei Sportübertragungen. Das Budget reicht nicht für eine sinnvolle Doppelstrategie.
- **Distributions- und Vertriebsstrategie**
  Um das Ziel einer großen Bekanntheit zu erreichen, wird angestrebt, über eine große Supermarktkette den Markt zu penetrieren. Discounter sollen vermieden werden, weil man befürchtet, dass damit ein Reputationsverlust einhergehen kann.

Die Geschäftsführung beauftragt die Marketingabteilung, die Marktanalyse zu verfeinern und die Zielgruppe aufzuteilen, um die Kommunikationsstrategie festlegen zu können.

3.5.4 Entergence Software

Das private Softwareunternehmen Entergence AG steht mit einer neuen Software für die Energiewirtschaft vor einem großen Wachstumsschub. Die beiden Gründerinnen wollen mehrere Schlüsselmitarbeiter langfristig an das Unternehmen binden und zu Führungspersönlichkeiten auf der zweiten Managementebene weiterentwickeln. Mittelfristig sollen die vier ausgewählten Personen sogar an die Unternehmensspitze vorrücken, da sich die Gründerinnen in fünf Jahren ins Privatleben zurückziehen und dann ihre gesamten Anteile an einen externen Investor verkaufen wollen. Den Unternehmerinnen ist bewusst, dass vor allem Finanzinvestoren im Falle eines Investments auf das Vorhandensein einer qualifizierten zweiten Managementebene großen

Wert legen. Die Gründerinnen versprechen sich von der frühzeitigen Mitarbeiterbeteiligung daher nicht nur direkte wertsteigernde Motivationseffekte, sondern auch eine erfolgreiche langfristige Nachfolgeplanung. Die Gründerinnen wollen den Mitarbeitern jetzt insgesamt 10% des Kapitals anbieten.

Ein externer Gutachter bewertet das Unternehmen Entergence Software AG. Er verwendet dafür ein vereinfachtes Multiplikatorverfahren. Seine Analyse der Umsatzmultiplikatoren vergleichbarer börsennotierter Softwareunternehmen ergibt eine Durchschnittsbewertung am Kapitalmarkt in Höhe des doppelten Unternehmensumsatzes. Entergence erwirtschaftet aktuell einen Umsatz von € 10 Mio. p.a., woraus sich folglich ein (Brutto-)Unternehmenswert von € 20 Mio. ableitet. Davon sind noch Bankverbindlichkeiten in Höhe von € 5 Mio. abzuziehen, um den Wert der Aktien in Höhe von insgesamt € 15 Mio. zu errechnen. Das Aktienkapital verteilt sich wiederum auf 100.000 Aktien, die entsprechend einen Wert von jeweils € 150,– haben.

Übersicht

Einstiegsbewertung	in €	Kommentar
Enterprise Value	20.000.000,–	basierend auf Umsatzmultiplikator 2,0x
Nettofinanzverbindlichkeiten	5.000.000,–	gemäß Jahresabschluss zum 31.12.
Equity Value/Wert der Anteile	15.000.000,–	
# Aktien	100.000	Anzahl ausstehende Anteile
Preis pro Aktie	150,–	Zeitpunkt der Mitarbeiterbeteiligung
Managementbeteiligung:	375.000,–	je 2.500 Aktien pro Mitarbeiter à € 150,–

Die Gründerinnen folgen dieser externen Bewertung. Die Mitarbeiter können entsprechend je 2.500 Anteile für den Preis von € 150 erwerben. Damit ergibt sich je Mitarbeiter ein Kaufpreis von € 375.000,– für die Anteile. Da die Mitarbeiter nicht über das entsprechende Kapital verfügen, helfen die beiden Gründerinnen ihnen bei der Finanzierung. Andere Wachstumsunternehmen bieten Mitarbeitern zur Senkung des Kapitalbedarfs oft Beteiligungsmodelle auf Basis von Aktienoptionen an, was den Gründerinnen aber nicht gefällt.

Der Business Plan der Entergence sieht eine Steigerung des Umsatzes in den nächsten fünf Jahren auf € 50 Mio. vor. Diese optimistische Planung wird durch einige positive Nachrichten und strategische Vorhaben unterstützt. Die Einführung der neuen Software war bis dato schon sehr erfolgreich, die ersten Unternehmen wenden das Produkt bereits erfolgreich an. Weitere große deutsche Kunden haben für die nächsten beiden Jahren Bestellungen angekündigt. Für das übernächste Jahr ist zudem eine Expansion ins europäische Ausland geplant, für das Folgejahr dann der Einstieg in den US-Markt in Kooperation mit einem lokalen Vertriebspartner.

Umsatzplanung Entergence AG

Jahr	0	1	2	3	4	5
Umsatz	10,0	17,0	23,0	32,0	40,0	50,0

Bei Realisierung des geplanten starken Umsatzwachstums ist ein hoher Wertzuwachs für das Unternehmen zu erwarten. Falls in fünf Jahren dieselbe Bewertungsmethodik verwandt und zudem der Umsatzmultiplikator von 2,0× konstant bleiben sollte, errechnet sich ein fiktiver künftiger (Brutto-)Unternehmenswert von € 100 Mio. Außerdem kann das Unternehmen bereits während der Planungsperiode in den nächsten fünf Jahren hohe Gewinne erwirtschaften, die laut Business Plan zur Tilgung der Bankverbindlichkeiten von € 5 Mio. sowie zum Aufbau einer Kassenposition von € 50 Mio. verwendet werden sollen. Die akkumulierte (Netto-)Kassenposition erhöht den Wert der Aktien (Eigenkapitalwert) zum angestrebten Verkaufszeitpunkt des Unternehmens in fünf Jahren.

Bewertung beim Verkauf	in €	Kommentar
Enterprise Value	100.000.000,–	basierend auf Umsatzmultiplikator 2,0×
Kasse (Cash)	50.000.000,–	gemäß Planbilanz in Jahr 5 zum 31.12.
Equity Value/Wert der Anteile	150.000.000,–	
# Aktien	100.000	Anzahl ausstehende Anteile
Preis pro Aktie	1.500,–	zum Zeitpunkt Verkauf nach fünf Jahren
Verkaufserlös je Mitarbeiter	3.750.000,–	

Die Mitarbeiter würden beim Verkauf ihrer Anteile in fünf Jahren auf Basis der getroffenen Annahmen ihr eingesetztes Kapital verzehnfachen und entsprechend einen Gewinn von € 3.375.000,– realisieren. Sie sind in den kommenden fünf Jahren entsprechend hochmotiviert, zum Unternehmenserfolg einen maximalen persönlichen Beitrag zu leisten.

Eigene Notizen

Schritt 4: Finanzen

Die Lernfragen zu diesem Kapitel finden Sie unter:
https://narr.kwaest.io/s/1148

Lernziele

Im Kapitel Finanzen erhalten Sie einen Überblick über die schrittweise Erstellung einer Wirtschaftlichkeitsanalyse. Zunächst wird gezeigt, wie das wirtschaftliche Vorhaben in Form von Geschäftsprojektionen mittels Plan-Bilanz und Plan-Gewinn- und Verlustrechnung (Plan-GuV) dargestellt werden kann. Im zweiten Schritt lernen Sie, aus den modellierten Geschäftsprojektionen Cash Flows abzuleiten. Schließlich erfahren Sie, wie mit Hilfe der Methoden der Investitionsrechnung Cash Flows bewertet werden. Neben dem Erlernen einer schrittweisen Methodik stehen das Erkennen und Steuern modelltypischer Probleme im Vordergrund.

Ziel der finanzwirtschaftlichen Analyse ist die Modellierung der finanziellen Auswirkungen des Business Cases auf das Gesamtunternehmen oder zumindest auf eine Geschäftseinheit, die in diesem Fall wie ein eigenständiges Unternehmen behandelt wird. Folgende Einzelschritte dienen der Bewertung der im Modell gemachten Annahmen:

[1] Zunächst wird die Entwicklung des Unternehmens (bzw. die separierte Unternehmenseinheit) über mehrere Perioden modelliert, indem man Plan-Bilanzen und Plan-GuVs aufstellt. Als relevante Perioden können ganze Jahre oder auch kürzere Zeiteinheiten (Vierteljahre oder Monate) gewählt werden.

[2] Anschließend werden aus den Plan-Bilanzen und Plan-GuVs die relevanten jährlichen oder unterjährigen Zahlungsströme (Cash Flows) abgeleitet. Diese Ableitung erfolgt anhand einfacher Abbildungsvorschriften.

[3] Die Bewertung der in Schritt 2 ermittelten Zahlungsströme erfolgt mittels Anwendung geeigneter Kennzahlen aus der Investitionsrechnung.

Zur Validierung der Ergebnisse stehen verschiedene Ansätze zur Verfügung, die wir hier ebenfalls kurz vorstellen möchten:

- Die Liquiditätssituation, insbesondere in den ersten Perioden, sollte anhand einer kurzfristigen Liquiditätsplanung geprüft werden.
- Das eigentliche Modell mit seinen verschiedenen Annahmen (d.h. den Inputparametern) kann mit Szenario- und Sensitivitätsanalysen validiert werden.
- Ein grober Test der Ergebnisse kann anhand einer Break-even Analyse durchgeführt werden. Dabei werden Umsätze den fixen und variablen Kosten gegenübergestellt.
- Risiken können anhand von Ausfall- oder Verlustwahrscheinlichkeiten quantifiziert werden. Monte-Carlo-Simulationen dienen dabei häufig der Generierung einer großen Anzahl von Szenarien.

Merke

Der finanzwirtschaftliche Teil eines Business Plans dient der Bewertung der möglichen Profitabilität (Wirtschaftlichkeit) des untersuchten Vorhabens.

4.1 Projektion der Rechnungslegung

Die Rechnungslegung dient dem Nachweis über die geschäftliche Entwicklung eines Unternehmens in einer vorausgegangenen Periode. Sie stellt ein Informationsmedium für die Stakeholder des Unternehmens dar. Die drei wesentlichen Instrumente der Rechnungslegung sind:

- Bilanz
- Gewinn- und Verlustrechnung
- Kapitalflussrechnung

Die **Bilanz** gibt Auskunft über Mittelherkunft (Passiva) und Mittelverwendung (Aktiva) des Unternehmens zu einem bestimmten **Zeitpunkt**. Da ein Unternehmen nur die Mittel verwenden kann, die es vorher bekommen hat, gilt die Bilanzgleichung:

Mittelverwendung = Mittelherkunft, also Aktiva = Passiva.

Die **Gewinn- und Verlustrechnung** (GuV) ermittelt den Gewinn eines Unternehmens für den abgelaufenen Rechnungslegungs**zeitraum**. Es handelt sich also um eine Periodenbetrachtung. Die Orientierung erfolgt an den Größen Ertrag und Aufwand und mündet in die Gleichung:

Gewinn (bzw. Verlust) = Erträge – Aufwendungen.

Im Gegensatz zur GuV betrachtet die **Kapitalflussrechnung** (Cash Flow Statement) die Größen Einzahlung und Auszahlung und orientiert sich somit nur an den zahlungswirksamen Geschäftsvorfällen. Das Ergebnis der Kapitalflussrechnung gibt somit die Veränderung der liquiden Mittel während der vergangenen Periode an:

$$\Delta \textit{ Liquide Mittel} = \textit{Einzahlungen} - \textit{Auszahlungen.}$$

Die Strukturen von Bilanz, Gewinn- und Verlustrechnung und Kapitalflussrechnung sind durch Rechnungslegungsvorschriften vorgegeben und dienen der Klassifizierung einzelner Größen und damit der besseren Nachvollziehbarkeit für den Leser (Stakeholder).

Im Übrigen unterstellen wir an dieser Stelle, dass der Leser mit der Grundfunktionalität der Rechnungslegung vertraut ist. Ist dies nicht der Fall, möchten wir auf weiterführende Literatur verweisen.

Im Rahmen von Business Plänen wird die Rechnungslegung verwendet, um die zukünftige Entwicklung eines Unternehmens (oder einer Geschäftseinheit) zu modellieren. Die Erstellung von zukünftigen Bilanzen und GuVs stellt meist den Startpunkt einer Analyse dar. Zwar ist es in Einzelfällen auch möglich, Cash Flows (Zahlungsströme) direkt abzuleiten, doch dienen gerade bei größeren Projekten die Informationen aus dem Rechnungswesen auch dazu, wirtschaftliche Kennzahlen zu überprüfen.

Merke

Projizierte Rechnungslegung stellt eine Modellierung zukünftiger Entwicklungen eines Unternehmens unter bestimmten **Annahmen** (Inputparametern) dar. Die Ergebnisse des Modells hängen stets von diesen Inputparametern ab. Stellen sich die gemachten Annahmen als falsch heraus, kann dies durch ein Modell nicht korrigiert werden.

Es gilt: **Garbage In – Garbage Out** (GIGO)

Die Güte der Prognose ergibt sich also aus der Qualität der Inputdaten des Modells.

4.1.1 Plan-Bilanzen und Plan-GuVs

Zunächst wollen wir die Grundstrukturen von **Bilanz und GuV für einen Business Plan** näher betrachten. Der Detailierungsgrad kann im Einzelfall erhöht werden.

Bilanz zum ...

Aktiva	**Passiva**
Anlagevermögen (AV) ➢ Grundstücke ➢ Gebäude, Maschinen **Umlaufvermögen (UV)** ➢ Vorräte ➢ Forderungen ➢ liquide Mittel (LM)	**Eigenkapital (EK)** ➢ eingezahltes Kapital ➢ Rücklagen **Fremdkapital (FK)** ➢ kurzfristiges Fremdkapital (kFK) o *Verbindlichkeiten aus LuL* o *kurzfristige Bankkredite* ➢ langfristiges Fremdkapital (lFK)
Bilanzsumme	Bilanzsumme

Abb. 4.1: Aufbau der Bilanz

Wie aus Abbildung 4.1 ersichtlich gliedert sich die **Bilanz** in eine Aktiv- und Passivseite. Die Passivseite beschreibt die Größen der Mittelherkunft und beantwortet die Frage, von wem das Geld stammt, das investiert wird. Grob unterscheidet man zunächst zwischen Eigen- und Fremdkapitalgebern. Beim Eigenkapital kann es sich um eingezahltes Kapital handeln oder um Rücklagen, die von den Gewinnen der Vergangenheit einbehalten wurden. Eine tiefergehende Unterteilung ist aus wirtschaftlicher Sicht meist nicht notwendig und hat oft haftungsrechtliche Gründe. Beim Fremdkapital ist es zweckmäßig, zwischen langfristig und kurzfristig zur Verfügung gestelltem Kapital zu unterscheiden. Unter kurzfristig verstehen wir hierbei eine Laufzeit unter einem Jahr. Kurzfristiges Fremdkapital wird entweder in Form von Lieferantenkrediten (Verbindlichkeiten aus Lieferungen und Leistungen LuL) gewährt oder als kurzfristiger Kredit durch ein Finanzinstitut (Bank) vergeben. Die Unterscheidung ist dadurch motiviert, dass Bankkredite i.d.R. durch einen expliziten Kreditzins charakterisiert sind, während bei gewährten Zahlungszielen durch Lieferanten eher eine implizite Verzinsung über die Nicht-Gewährung von Skonto erfolgt.

Auf der Aktivseite sehen wir zunächst das langfristig gebundene Kapital in Form von Anlagevermögen. Das Anlagevermögen, abgesehen von Grundstücken, ist dadurch gekennzeichnet, dass es abgeschrieben wird. Das Umlaufvermögen kennt drei wichtige Kategorien: die Vorräte, die Forderungen und die liquiden Mittel. Vorräte subsummieren zum Verkauf stehende Waren, unfertige Erzeugnisse und Material. Forderungen bezeichnen Kredite, die an Kunden gegeben werden, also eingeräumte Zahlungsziele, und liquide Mittel subsummieren alle Bar-Reserven, Kassenbestände und sonstigen kurzfristigen Geldanlagen.

Gewinn- und Verlustrechnung für den Zeitraum ...

Umsatzkostenverfahren	**Gesamtkostenverfahren**
Umsätze	Umsätze
- Herstellungskosten der zur Erzielung der Umsatzerlöse erbrachten Leistungen	+/- Erhöhung oder Verminderung des Bestands an fertigen und unfertigen Erzeugnissen
- Aufwendungen für F&E	- Aufwendungen für Material
- Aufwendungen für Vertrieb und Marketing	- Aufwendungen für Personal
- Aufwendungen für Verwaltung	- Aufwendungen für Abschreibung
= **operativer Gewinn (EBIT)**	= **operativer Gewinn (EBIT)**
+ Erträge aus Finanzierungstätigkeit	+ Erträge aus Finanzierungstätigkeit
- Aufwände aus Finanzierungstätigkeit	- Aufwände aus Finanzierungstätigkeit
= **zu versteuernder Gewinn**	= **zu versteuernder Gewinn**
- Steuern	- Steuern
Gewinn / Verlust	**Gewinn / Verlust**
- Gewinnausschüttung (Dividenden)	- Gewinnausschüttung (Dividenden)
= **Gewinnrücklagen**	= **Gewinnrücklagen**

Abb. 4.2: Aufbau der Gewinn- und Verlustrechnung

Die beiden Varianten der **Gewinn- und Verlustrechnung** unterscheiden sich in Bezug auf die Darstellung (Kategorisierung) der operativen Aufwendungen (Kosten). Das **Umsatzkostenverfahren** orientiert sich am Herstellungsprozess. Es wird unterschieden zwischen Kosten, die bei Forschung und Entwicklung, bei der Produktion, beim Vertrieb und bei der Verwaltung entstanden sind. Im Falle des **Gesamtkostenverfahren**s werden die operativen Aufwendungen (Kosten) gemäß der Kostenarten eingeteilt in Kosten durch das Anlagevermögen (dargestellt durch Abschreibungen, d.h. also den über mehrere Jahre verteilten Kosten für Gebäude und Maschinen), Personal- und Materialkosten, sowie Veränderungen des Bestandes. Beide Verfahren führen zum selben Ergebnis, dem operativen Gewinn. Wir verwenden hier nachfolgend die Bezeichnung EBIT (Earnings before Interest and Taxes), also den Gewinn vor Zinsen und Steuern.

Im Anschluss werden Erträge und Aufwendungen aus der Finanzierungstätigkeit berücksichtigt. I.d.R. liegen hier bei Business Plänen nur Aufwendungen für Zinszahlungen vor. Anschließend werden die Steueraufwendungen abgezogen und man erhält den Periodengewinn oder -verlust. Im Falle eines Gewinns kann dieser entweder ganz oder teilweise ausgeschüttet werden oder einbehalten (thesauriert) werden. Der thesaurierte Gewinn wird dann in der Bilanzgröße Rücklagen **akkumuliert**.

Übergang zu Plan-Bilanzen und Plan-GuVs durch Projektion der Geschäftsentwicklung

Unter Plan-Bilanzen und Plan-GuV versteht man die Fortschreibung von Bilanz und GuV basierend auf Annahmen zur zukünftigen Geschäftsentwicklung. Da diese Entwicklung selbstverständlich von vielen Unsicherheiten geprägt ist, handelt es sich hierbei um eine modellhafte Darstellung der Zukunft, die auf verschiedenen Inputparametern (Annahmen) basiert.

Folgende grundsätzliche Hinweise möchten wir an dieser Stelle für das Modellieren noch geben:

[1] Der heutige Zeitpunkt wird hier als Jahr 0 bezeichnet, andere Bezeichnungen (Angaben) sind selbstverständlich zulässig. Wesentlich ist die klare zeitliche Abgrenzung.

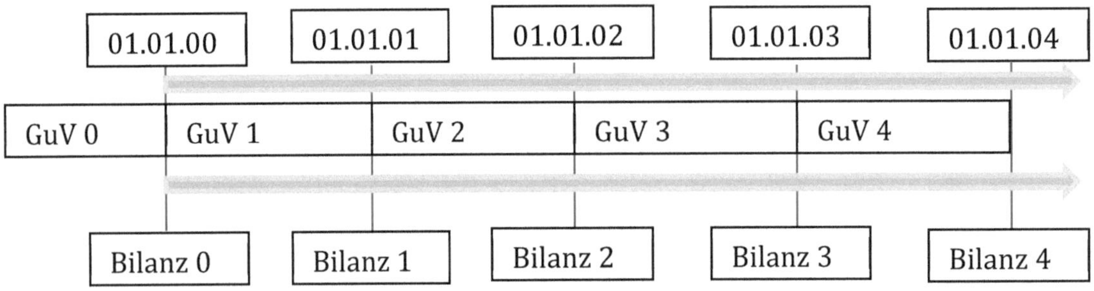

Abb. 4.3: Zeitablauf und Zuordnung der Plan-Bilanzen und Plan-GuVs

[2] Die GuV 0 berichtet gemäß Abb. 4.3 somit über die Periode vor der Bilanz 0, also einem Zeitraum vor heute. Wir wählen deshalb in der Regel die GuV 0 als nicht relevant und setzen sie gleich 0.

[3] Jede Ein- und Auszahlung wird im Endeffekt implizit einem der Zeitpunkte auf dieser Zeitachse zugeordnet.

[4] Abschreibungen weisen wir in der Regel separat aus (auch bei Anwendung des Umsatzkostenverfahrens), da diese nicht zahlungswirksam sind und so die Ermittlung des Cash Flows später erleichtert wird. Im Lehrbuch dient diese Vorgehensweise vor allem der Nachvollziehbarkeit und Transparenz. Aber auch für den Praxisfall mit Anwendung des Umsatzkostenverfahrens kann dies sinnvoll sein.

[5] Am Ende des Projektionszeitraums ist ein sogenannter Terminal Value zu berücksichtigen. Unter Terminal Value versteht man den (Rest-)Wert des Projekts oder der Unternehmung zum Ende der Projektion (s. dazu auch Kapitel 4.4 Terminal Value).

[6] Beim Modellieren ergeben sich je nach Vorgehensweise freie Variablen in der Bilanz. Entweder bestehen Finanzierungsengpässe und es muss weiteres Kapital aufgenommen werden, oder es ergeben sich Liquiditätsüberhänge, die im Kassenkonto stehen. In diesem Zusammenhang sollten stets mit besonderer Sorgfalt die Größen **Liquide Mittel** und **Eigenkapital** betrachtet werden. Beide sollten niemals negativ sein (auch in der Realität).

[7] Die Rechnungslegungsvorschriften bestimmen die Struktur von Plan-Bilanz und Plan-GuV und man wird weitestgehend auf diese zurückgreifen. Allerdings sind Abweichungen zulässig und manchmal zum besseren Verständnis sinnvoll. So erfolgt die Darstellung der Bilanz meistens in Form von Tabellen, da man mehrere Jahre übersichtlich darstellen möchte, und nicht in Bilanzform.

[8] Eine Einteilung in fixe und variable Kosten, wie es aus der Kostenrechnung bekannt ist, ist im Rahmen der Projektion ebenfalls möglich. Gegebenenfalls werden diese Kosten dann im Modell auf die hier behandelten Größen überführt. Eine separate Ausweisung der Abschreibungen ist auch in diesem Fall nützlich.

Anhand der Abbildung 4.4 wollen wir versuchen, einen Leitfaden aufzustellen, der ein schrittweises Vorgehen zur Bildung von Plan-Bilanzen und Plan-GuVs ermöglicht.

GUV	**Jahr 0**	**Jahr 1**	**Jahr 2**	...
Umsatz		❶	⓱	...
- Kosten		❷	⓲	...
= EBIT				
- Zinsen		❽	...	...
Gewinn vor Steuern				
- Steuern		❾	...	...
Gewinn / Verlust				
- Dividenden/Gewinnausschüttung		❿	...	...
= Gewinnrücklagen		⓫	...	...

Bilanz	**Jahr 0**	**Jahr 1**	**Jahr 2**	...
Aktiva				
Anlagevermögen				
Maschinen und Gebäude	❸	⓭	...	
Umlaufvermögen				
Vorräte	❹	⓮	...	
Forderungen		❺	...	

liquide Mittel	❻	⓰	...	
Bilanzsumme				
Passiva				
Eigenkapital				
eingezahltes Kapital	❼	⓯	...	
Rücklagen		⓬	...	
Fremdkapital				
langfristiges FK	❼	⓯	...	
Verbindlichkeiten LuL	❼	⓮	...	
kurzfristiges FK	❼	⓰	...	
Bilanzsumme				

Abb. 4.4: Schrittweise Vorgehensweise Projektionen

Meistens erfolgt die eigentliche Projektion zunächst über die Abschätzung möglicher Umsätze ❶ für die Jahre der Projektion, also im Fall unserer Notation Jahr 1 usw. Hier besteht eine enge Verknüpfung mit dem Marketing, das über Marktrecherchen entsprechende Zahlen vorgeben sollte (vgl. Kapitel 3.1). Alle Umsätze eines Jahres finden sich somit akkumuliert in der GuV wieder, d.h. beispielsweise, dass die Umsätze zwischen 01.01.00 und 01.01.01 Bestandteil der GuV 1 sind. Anhand der geschätzten Umsätze lassen sich dann die meisten weiteren Größen der GuV und der Bilanz direkt abschätzen.

Insbesondere sollte über die Umsatzschätzung eine realistische Abschätzung der notwendigen Investitionen möglich sein. Der im Folgenden beschriebene Prozess ist nicht notwendigerweise eine einmalige Anwendung der hier beschriebenen Einzelschritte, gegebenenfalls ist eine mehrmalige Anpassung notwendig, bis das Gesamtmodell stimmig ist.

Zunächst sind für die GuV die operativen Kosten ❷ für die einzelnen Jahre in Relation zu den jeweiligen Umsätzen zu ermitteln. Operative Material- und Personalkosten ergeben sich direkt aus der Anzahl der verkauften Produkte. Anhand der Größenordnung der Umsätze ergeben sich zudem die notwendigen Investitionen für das Anlagevermögen, die wiederum die Höhe der Abschreibung bestimmen lassen. Zu beachten ist an dieser Stelle, dass die Investition in das Anlagevermögen einerseits perspektivisch auf die Umsätze in den Folgejahren ausgerichtet sein muss, andererseits aber auch die finanziellen Möglichkeiten des Unternehmens berücksichtigen muss. Eventuell muss das Anlagevermögen gemeinsam mit den Umsätzen von Jahr zu Jahr anwachsen und es sollten kontinuierliche Investitionen in das Anlagevermögen modelliert werden.

Merke

Kosten können auf unterschiedliche Art modelliert werden. Neben den Ansätzen aus der Rechnungslegung (Umsatz- oder Gesamtkostenverfahren) wird häufig auch zwischen fixen und variablen Kosten (betriebswirtschaftliche Aufteilung der Kosten) unterschieden. Vereinfachungen oder höhere Detailierungsgrade sind ebenfalls möglich.

Im Anschluss ergibt sich die Bilanz für das Jahr 0: Aus den obigen Überlegungen werden die Investitionen in Maschinen und Fabriken ❸ und gegebenenfalls auch zu erwerbende Grundstücke modelliert. Darüber hinaus ist zu bestimmen, inwieweit für die Produktion Lagerbestände ❹ benötigt werden, hier kommen beispielsweise Kennzahlen wie die Lagerumschlagshäufigkeit oder die Lagerdauer zum Zuge (vgl. Kapitel 4.7 Exkurs). Die nächste bilanzielle Größe des Umlaufvermögens sind Forderungen ❺. Auch diese lassen sich näherungsweise abschätzen, und zwar anhand der durchschnittlichen gewährten Kreditdauer (vgl. wiederum Kapitel 4.7 Exkurs). Da die Forderungen in Verbindung zu den Umsätzen stehen, ist für das Jahr 0 mit 0 zu rechnen. Es verbleibt die Modellierung der operativen Liquiditätsanforderungen. Es gilt zu berücksichtigen, dass liquide Mittel ❻ benötigt werden, um beispielsweise Personal, Zinsen, Steuern und ähnliches bedienen zu können. Meist wird hierzu für das erste Jahr der Projektion zusätzlich eine **Liquiditätsplanung** (vgl. Kapitel 4.5) erstellt. Gewährte Zahlungsziele der Lieferanten ❼ wirken sich positiv auf den Liquiditätsbedarf aus.

Somit wurden alle wesentlichen Größen der Aktivseite modelliert (Anlagevermögen mit Land, Gebäuden, Maschinen und Umlaufvermögen mit Vorräten, Forderungen und liquide Mittel), weitere Aktivposten sind natürlich möglich, müssen sich aber auf das operative Geschäft, sprich den konkret modellierten Business Case (Projekt), beziehen. Im Sinne der Bilanzgleichung (Aktiva = Passiva) muss bei der Modellierung nun für die entsprechenden Finanzierungsquellen gesorgt werden. Hier ist auf eine gesunde Mischung aus Eigen- und Fremdkapital ❼ zu achten. Neben den bereits erwähnten Kriterien (vgl. Kapitel 1.1.2) wird man sich dabei typischerweise an Kennzahlen wie der Eigenkapitalquote, der goldenen Bilanzregel und der Liquiditätsgrade orientieren (vgl. wiederum Kapitel 4.7 Exkurs). Letztendlich spielen häufig aber doch die Marktgegebenheiten (Kapitalzugang und Konditionen) die wichtigste Rolle bei der Finanzierungswahl.

Aus den Fremdkapitalien ergeben sich die jährlich zu leistenden Zinszahlungen ❽ und eventuelle Rückzahlungsmodalitäten, die wiederum in die GuV bzw. die Bilanz (im Jahr 1) eingehen. Steuern ❾ ergeben sich aus den steuerrechtlichen Rahmenbedingungen. Anhand der gewünschten Dividendenpolitik sind ferner die Dividendenzahlungen ❿ zu modellieren, der verbleibende Gewinn stellt die Gewinnrücklage ⓫ dar. Diese gehen akkumuliert in die Rücklagenposition ⓬ der Bilanz (Jahr 1) ein.

Die weiteren Bilanzgrößen im Jahr 1 ergeben sich zumeist durch einfache Fortschreibung. Beim Anlagevermögen ⓭ sind zusätzliche Investitionen und die Abschreibungen gemäß GuV 1 zu berücksichtigen. Die Vorräte und Verbindlichkeiten gegenüber den Lieferanten ⓮ ergeben sich erneut aus den zukünftigen Umsatz- und Kostenannahmen. Das eingezahlte Eigenkapital ⓯ und das Fremdkapital ⓯ verändern sich nur durch zusätzliche Kapitalaufnahme oder Tilgung und Rückzahlung. Es verbleiben die Größen liquide Mittel ⓰ und kurzfristiges Fremdkapital ⓰, diese müssen so gewählt werden, dass die Bilanzgleichung aufgeht.

Basierend auf den Umsatzschätzungen ⓱ für das Jahr 2 ergeben sich dann alle Größen der GuV (Kosten ⓲) und Bilanz in der oben beschriebenen Weise.

Merke

Planbilanz und Plan-GuV basieren auf der Modellierung einer Geschäftsentwicklung über mehrere Jahre. Die Modellierung erlaubt viele Freiheiten, allerdings ist es angebracht, das eigene Modell anhand von allgemeinen Bilanz- und GuV-Kennzahlen zu überprüfen.

Beispiel

Für einen Business Case wurden folgende Plan-Bilanzen und Plan-GuVs erstellt:

Bilanz	Jahr 0	Jahr 1	Jahr 2	Jahr 3	Jahr 4
Anlagevermögen	**2.500**	**2.200**	**2.000**	**1.000**	**500**
Maschinen und Gebäude	2.500	2.200	2.000	1.000	500
Umlaufvermögen	**500**	**400**	**700**	**1.900**	**2.600**
Vorräte	200	200	300	200	300
Forderungen	0	0	100	100	200
liquide Mittel	300	200	300	1.600	2.100
Summe Aktiva	**3.000**	**2.600**	**2.700**	**2.900**	**3.100**
Eigenkapital	**1.000**	**1.000**	**1.100**	**1.300**	**1.500**
eingezahltes EK	1.000	1.000	1.000	1.000	1.000
Rücklagen		0	100	300	500
Fremdkapital	**2.000**	**1.600**	**1.600**	**1.600**	**1.600**
lfr. FK	2.000	1.000	1.000	1.000	1.000
kfr. FK	0	600	600	600	600
Summe Passiva	**3.000**	**2.600**	**2.700**	**2.900**	**3.100**

GuV	Jahr 0	Jahr 1	Jahr 2	Jahr 3	Jahr 4
Umsatz	0	1.500	1.900	2.500	3.000
- Kosten	0	- 800	- 1.000	- 1.100	- 1.200
- Abschreibung	0	- 500	- 500	- 500	- 500
= EBIT	**0**	**+ 200**	**+ 400**	**+ 900**	**+ 1.300**
- Zinsen	0	- 200	- 100	- 100	- 100
= Gewinn v. St.	**0**	**0**	**+ 300**	**+ 800**	**+ 1.200**
- Steuern (50%)	0	0	- 150	- 400	- 600
= Gewinn	**0**	**0**	**+ 150**	**+ 400**	**+ 600**
davon einbehalten	0	0	+ 100	+ 200	+ 200
davon Dividende	0	0	+ 50	+ 200	+ 400

Folgende Aspekte können wir exemplarisch aus diesen Informationen herauslesen:

1. Die Veränderung im Anlagevermögen entspricht nicht der ausgewiesenen Abschreibung im jeweiligen Jahr. Damit kam es offensichtlich zu zusätzlichen Käufen oder Verkäufen während der Projektionszeit.
2. Die Veränderung der liquiden Mittel entspricht nicht dem Gewinn oder Verlust der jeweiligen Periode.
3. Das Rücklagen-Konto akkumuliert die einbehaltenen Gewinne und Verluste (Gewinnrücklagen).
4. Zinszahlungen ergeben sich hier offensichtlich aus 10% des langfristigen Fremdkapitals, wobei eine Rückzahlung von 1.000 zum Ende des ersten Jahres (Übergang Jahr 0 auf Jahr 1) erfolgte.
5. Kosten wurden sehr vereinfacht aufgeteilt in Kosten und Abschreibungen. Die separate Darstellung der Abschreibungen erleichtert im Folgenden die Berechnung der Cash Flows.

Merke

Plan-Bilanz und Plan-GuV basieren auf der Modellierung zukünftiger Geschäftsentwicklungen. Sie sind miteinander über die Gewinnrücklagen (GuV) und Rücklagen (Bilanz) verbunden.

Bei reinen Projektbetrachtungen wird häufig auf die Modellierung der Passivseite der Bilanz verzichtet bzw. muss verzichtet werden. Dies liegt daran, dass die Projektleitung das Projekt separat bewertet und die damit verbundene Finanzierung nicht bekannt ist. In diesem Fall reduziert sich die Modellierung weitestgehend auf die Aktivseite der Bilanz. Allerdings hat es sich als zweckmäßig erwiesen, kurzfristige Verbindlichkeiten, die sich direkt aus dem Projekt ergeben, zu berücksichtigen, also etwa zu erwartende Zahlungsziele der Lieferanten. Anstatt der Aktivgröße Umlaufvermögen wird dann das sogenannte Working Capital ausgewiesen.

Wir verwenden im Folgenden zwei alternative Definitionen für das Working Capital:

1. **Working Capital (Definition 1)**
   = Umlaufvermögen – kurzfristiges Fremdkapital
2. **Working Capital (Definition 2)**
   = Umlaufvermögen ohne nicht-operative liquide Mittel
   – kurzfristiges Fremdkapital ohne kurzfristige Bankdarlehen
   = Vorräte + Forderungen + operative liquide Mittel
   – Verbindlichkeiten gegenüber Lieferanten

Ein Problem ergibt sich nun bei der Modellierung der Steuerlast (Aufwendungen für Steuern). Diese kann nun nicht mehr auf Gewinne nach Zinsaufwendungen bezogen werden.

Merke

Bei Projektbewertungen, die keine Fremdfinanzierung modellieren, bezieht man die Steuerlast auf den Gewinn vor Zinszahlungen. Dies entspricht der Betrachtung eines nicht-gehebelten Unternehmens (unlevered company), also einem Unternehmen, das rein durch Eigenkapital finanziert ist. Bei der Bewertung der später ermittelten Cash Flows ist dies entsprechend zu berücksichtigen.

Beispiel

Für den vorherigen Business Case könnten Plan-Bilanz und Plan-GuV dann wie folgt aussehen:

Wir ermitteln zunächst das Working Capital, wobei wir die Definition Working Capital = Umlaufvermögen – kurzfristige Verbindlichkeiten (Definition 1) verwenden.

Working Capital	Jahr 01	Jahr 02	Jahr 03	Jahr 04	Jahr 05
Vorräte	200	200	300	200	300
Forderungen	0	0	100	100	200
liquide Mittel	300	200	300	1.600	2.100
Summe Umlaufvermögen	**500**	**400**	**700**	**1.900**	**2.600**
./. kfr. Verbindlichkeiten	**- 0**	**- 600**	**- 600**	**- 600**	**- 600**
Working Capital	**500**	**- 200**	**100**	**1.300**	**2.000**

Hieraus lässt sich die vereinfachte Bilanz ableiten, wobei die (Bilanz-)summe nur eine eingeschränkte Aussagekraft hat:

Bilanz	Jahr 01	Jahr 02	Jahr 03	Jahr 04	Jahr 05
Anlagevermögen	2.500	2.200	2.000	1.000	500
Working Capital	0	- 200	100	1.300	2.000
Summe	**2.500**	**2.000**	**2.100**	**2.300**	**2.500**

Die GuV verändert sich nun insofern, als dass keine Kenntnis über die Finanzierung, also die Passivseite der Bilanz, vorliegt. Zinsaufwendungen können somit nicht modelliert werden und es liegt bei der Betrachtung gewissermaßen ein Unternehmen ohne Fremdfinanzierung vor (unlevered). Die Ermittlung der Steuerlast erfolgt entsprechend bezogen auf das nicht-gehebelte Unternehmen (unlevered company):

GuV	Jahr 01	Jahr 02	Jahr 03	Jahr 04	Jahr 05
Umsatz	0	1.500	1.900	2.500	3.000
./. Kosten	0	- 800	- 1.000	- 1.100	- 1.200
./. Abschreibung	0	- 500	- 500	- 500	- 500
= EBIT	**0**	**+ 200**	**+ 400**	**+ 900**	**+ 1.300**
= Gewinn vor Steuern (unlevered)	**0**	**+ 200**	**+ 400**	**+ 900**	**+ 1.300**
./. Steuern (50%)	0	- 100	- 200	- 450	- 650
= Gewinn	**0**	**+ 100**	**+ 200**	**+ 450**	**+ 650**

4.1.2 Plan-Kapitalflussrechnung

Die Kapitalflussrechnung (oder Cash Flow Statement) gibt Auskunft über die Ein- und Auszahlungen eines Unternehmens während einer Rechnungslegungsperiode. Damit ergänzt sie die Informationen aus der Gewinn- und Verlustrechnung, die sich auf Erträge und Aufwendungen beziehen und damit nicht notwendigerweise zahlungswirksam sind.

Die Kapitalflussrechnung gliedert sich in drei Teile:

- der Cash Flow aus laufender Geschäftstätigkeit
- der Cash Flow aus Investitionstätigkeit
- der Cash Flow aus Finanzierungstätigkeit

Die Summe der drei Positionen beschreibt die Gesamtveränderung der liquiden Mittel während der vergangenen Bilanzperiode. Die Kapitalflussrechnung ist somit nichts anderes als eine Kategorisierung aller Ein- und Auszahlungen.

Der Cash Flow aus laufender Geschäftstätigkeit lässt sich folgendermaßen berechnen (sogenannte indirekte Methode):

Cash Flow aus lfd. Geschäftstätigkeit (indirekte Methode)	=	GuV-Gewinn + Rückstellungen + Abschreibungen - Zunahme Umlaufvermögen ohne Liquide Mittel + Zunahme kurzfristige Verb. aus LuL

Die indirekte Methode bedient sich der Größen aus Bilanz und GuV und ist somit einfach in einem Excel-Sheet umsetzbar. Die direkte Methode orientiert sich konkret an den Ein- und Auszahlungen der jeweiligen Perioden und entspricht folgendem Rechenschema:

Cash Flow aus lfd. Geschäftstätigkeit (direkte Methode)	=	Einzahlungen durch Verkauf - Auszahlungen Lieferanten und Beschäftigte + sonstige Einzahlungen - sonstige Auszahlungen - Zinszahlungen - gezahlte Steuern

Der **Cash Flow aus laufender Geschäftstätigkeit** dient der Beurteilung des eigentlichen Kerngeschäfts und drückt vereinfacht aus, ob die damit verbundenen Einzahlungen die Auszahlungen übersteigen. Sollte dies nicht der Fall sein, der Cash Flow aus laufender Geschäftstätigkeit also negativ sein, so müssen Maßnahmen ergriffen werden, um diese Situation zu beenden. Solche Maßnahmen könnten sein: Änderung der Unternehmensstrategie, Erschließung neuer Zielgruppen, Produktpalette verändern, Preise erhöhen, Zahlungsziele verkürzen etc.

Merke

Der **Cash Flow aus laufender Geschäftstätigkeit** ist eine zentrale Größe zur Beurteilung der Profitabilität eines Unternehmens und sollte (zumindest perspektivisch) positiv sein.

Der Cash Flow aus Investitionstätigkeit ergibt sich aus:

Cash Flow aus Investitionstätigkeit (direkte Methode)	=	Abgänge Anlagevermögen - Zugänge Anlagevermögen

Auch hier ist die indirekte Methode meist einfacher zu verwenden.

Cash Flow aus Investitionstätigkeit = - Zunahme Anlagevermögen
(indirekte Methode) - Abschreibungen
= - (Endbestand AV - Anfangsbestand AV)
- Abschreibungen

Der **Cash Flow aus Investitionstätigkeit** gibt an, welche Mittel in das Anlagevermögen des Unternehmens geflossen sind. Die Höhe ist ein Indikator dafür, wie stark Kapital im Unternehmen gebunden ist. Andererseits darf eine gewisse Wertbeständigkeit beim Anlagevermögen unterstellt werden.

Schließlich betrachten wir den Cash Flow aus Finanzierungstätigkeit

Cash Flow aus Finanzierungstätigkeit = Zunahme Eigenkapital
- Dividenden
+ Zunahme langfristiges Fremdkapital
+ Zunahme kurzfristige Finanzkredite

Der **Cash Flow aus Finanzierungstätigkeit** gibt an, wie viele liquide Mittel aus der Finanzierung in das Unternehmen geflossen sind und welche Mittel aufgewendet wurden, um Dividendenzahlungen und Rückzahlungen von Eigen- und Fremdkapital vorzunehmen.

Merke

Die Zuordnung von **Zinszahlungen** hängt von der jeweiligen Rechnungslegungsvorschrift ab. Bei den obigen Definitionen der Cash Flows werden die Zinszahlungen dem Cash Flow aus laufender Geschäftstätigkeit zugeordnet und nicht dem Cash Flow aus Finanzierungstätigkeit.

Im Rahmen eines Business Plans ist die explizite Bestimmung bzw. Berechnung der Plan-Kapitalflussrechnung nicht unbedingt notwendig. Sie kann aber zur Verifizierung des Modells und der Berechnung der Plan-Bilanzen und Plan-GuVs verwendet werden. Der Vollständigkeit halber sei darauf hingewiesen, dass es aufgrund unterschiedlicher Rechnungslegungsvorschriften alternative Definitionen der obigen Positionen gibt.

Beispiel

Wir verwenden das Beispiel aus Kapitel 4.1.1 und leiten hieraus die Kapitalflussrechnung (Cash Flows CF) ab.

Kapitalflussrechnung	Jahr 0	Jahr 1	Jahr 2	Jahr 3	Jahr 4
GuV-Gewinn	0	0	+ 150	+ 400	+ 600
+ Abschreibungen	0	+ 500	+ 500	+ 500	+ 500

- Zunahme UV ohne LM	- 200	0	- 200	+ 100	- 200
+ Zunahme kfr. Verb. LuL	0	+ 600	+ 0	+ 0	+ 0
(1) CF aus lfd. Geschäftstätigkeit	**- 200**	**+ 1.100**	**+ 450**	**+ 1.000**	**+ 900**
- Endbestand AV	- 2.500	- 2.200	- 2.000	- 1.000	- 500
+ Anfangsbestand AV	+0	+2.500	+ 2.200	+ 2.000	+ 1.000
- Abschreibungen	- 0	- 500	- 500	- 500	- 500
(2) CF aus Investitionstätigkeit	**- 2.500**	**- 200**	**- 300**	**+ 500**	**+ 0**
Zunahme EK	+ 1.000	+ 0	+ 0	+ 0	+ 0
-Dividenden	- 0	- 0	- 50	- 200	- 400
+Zunahme lfr. FK	+ 2.000	- 1.000	+ 0	+ 0	+ 0
+Zunahme kfr. FK (Bank)	+ 0	+ 0	+ 0	+ 0	+ 0
(3) CF aus Finanzierungstätigkeit	**+ 3.000**	**- 1.000**	**- 50**	**- 200**	**- 400**
Gesamt Cash Flow Summe (1) + (2) + (3)	**+ 300**	**- 100**	**+ 100**	**+ 1.300**	**+ 500**

Der Bestand an liquiden Mitteln (Finanzmittelfonds) in der gegebenen Bilanz ergibt sich dann entsprechend folgendermaßen:

	Jahr 0	Jahr 1	Jahr 2	Jahr 3	Jahr 4
Liquide Mittel Vorjahr	0	+ 300	+ 200	+ 300	+ 1.600
+ Gesamt-Cash Flow aus der Kapitalflussrechnung	+ 300	- 100	+ 100	+ 1.300	+ 500
Liquide Mittel	**+ 300**	**+ 200**	**+ 300**	**+ 1.600**	**+ 2.100**

Merke

Das Ergebnis der Kapitalflussrechnung entspricht der Veränderung der liquiden Mittel (Finanzmittelfonds) während der abgelaufenen Rechnungslegungsperiode.

Übungsaufgabe 4.1

Gegeben ist folgende Gewinn- und Verlustrechnung eines Unternehmens. Modellieren Sie die fehlenden Positionen in der Bilanz. Welche Annahmen haben Sie getroffen?

GuV	Jahr 0	Jahr 1	Jahr 2	Jahr 3	Jahr 4
Umsatz	**0**	**14.000**	**19.000**	**22.000**	**22.000**
- Kosten	0	- 9.000	- 13.000	- 15.000	- 15.000
- Abschreibung	0	- 4.000	- 4.000	- 4.000	- 4.000
= EBIT	**0**	**1.000**	**2.000**	**3.000**	**3.000**
- Zinsen	0	-1.000	- 1.000	-1.000	-1.000
= Gewinn v. St.	**0**	**0**	**1.000**	**2.000**	**2.000**
- Steuern (50%)	0	0	- 500	- 1.000	- 1.000
= Gewinn	**0**	**0**	**500**	**1.000**	**1.000**
davon einbehalten	0	0	500	1.000	500
davon Dividende	0	0	0	0	500

Bilanz	Jahr 0	Jahr 1	Jahr 2	Jahr 3	Jahr 4
Anlagevermögen	**20.000**				
Maschinen und Gebäude	20.000				
Umlaufvermögen	**6.000**				
Vorräte	4.000				
Forderungen	0				
liquide Mittel	2.000				
Summe Aktiva	**26.000**				
Eigenkapital	**10.000**				
eingezahltes EK	10.000				
Rücklagen					
Fremdkapital	**16.000**				
lfr. FK	13.000				
kfr. FK	3.000				
Summe Passiva	**26.000**				

Übungsaufgabe 4.2

Passen Sie Übungsaufgabe 4.1 so an, dass es sich um eine reine Projektbetrachtung handelt.

GuV	Jahr 01	Jahr 02	Jahr 03	Jahr 04	Jahr 05
Umsatz	**0**	**14.000**	**19.000**	**22.000**	**22.000**
./. Kosten	0	- 9.000	- 13.000	- 15.000	- 15.000
./. Abschreibung	0	- 4.000	- 4.000	- 4.000	- 4.000
= EBIT	**0**	**1.000**	**2.000**	**3.000**	**3.000**
./. Steuern (50%)					
= Gewinn					

Bilanz	Jahr 01	Jahr 02	Jahr 03	Jahr 04	Jahr 05
Anlagevermögen					
Working Capital					
Summe					

Übungsaufgabe 4.3

Gegeben seien folgende Projektionen der Bilanz und der Gewinn- und Verlustrechnung eines Unternehmens. Bestimmen Sie hieraus die Kapitalflussrechnung.

GuV	Jahr 0	Jahr 1	Jahr 2	Jahr 3	Jahr 4
Umsatz	**0**	**14.000**	**19.000**	**22.000**	**22.000**
- Kosten	0	- 9.000	- 13.000	- 15.000	- 15.000
- Abschreibung	0	- 4.000	- 4.000	- 4.000	- 4.000
= EBIT	**0**	**1.000**	**2.000**	**3.000**	**3.000**
- Zinsen	0	-1.000	- 1.000	-1.000	-1.000
= Gewinn v. St.	**0**	**0**	**1.000**	**2.000**	**2.000**
- Steuern (50%)	0	0	500	- 1.000	- 1.000

= Gewinn	**0**	**0**	**500**	**1.000**	**1.000**
davon einbehalten	0	0	500	1.000	500
davon Dividende	0	0	0	0	500

Bilanz		Jahr 1	Jahr 2	Jahr 3	Jahr 4
Anlagevermögen	**20.000**	**16.000**	**12.000**	**8.000**	**4.000**
Maschinen und Gebäude	20.000	16.000	12.000	8.000	4.000
Umlaufvermögen	**6.000**	**10.000**	**14.500**	**19.500**	**24.000**
Vorräte	4.000	5.000	6.000	7.000	7.000
Forderungen	0	1.000	1.500	2.000	2.000
LM operative	2.000	2.000	2.000	2.000	2.000
LM nicht-operativ	0	2.000	5.000	8.500	13.000
Summe Aktiva	**26.000**	**26.000**	**26.500**	**27.500**	**28.000**
Eigenkapital	**10.000**	**10.000**	**10.500**	**11.500**	**12.000**
Eingezahltes EK	10.000	10.000	10.000	10.000	10.000
Rücklagen		0	500	1.500	2.000
Fremdkapital	**16.000**	**16.000**	**16.000**	**16.000**	**16.000**
lfr. FK	13.000	13.000	13.000	13.000	13.000
kfr. Verb. LuL	1.000	1.500	2.000	2.000	2.000
kfr. Finanzkredit	2.000	1.500	1.000	1.000	1.000
Summe Passiva	**26.000**	**26.000**	**26.500**	**27.500**	**28.000**

Kapitalflussrechnung	Jahr 0	Jahr 1	Jahr 2	Jahr 3	Jahr 4
GuV-Gewinn					
+ Abschreibungen					
- Zunahme UV ohne LM					
+ Zunahme kfr. Verb. LuL					
(1) CF aus lfd. Geschäftstätigkeit					

- Endbestand AV + Anfangsbestand AV - Abschreibungen **(2) CF aus Investitions-tätigkeit**					
Zunahme EK - Dividenden +Zunahme lfr. FK +Zunahme kfr. FK (Bank) **(3) CF aus Finanzierungs-tätigkeit**					
Gesamt Cash Flow **Summe (1) + (2) + (3)**					

4.2 Cash Flow-Ermittlung

Nun sollen aus den gegebenen Planrechnungen projektrelevante Cash Flows bestimmt werden. Es handelt sich hierbei nicht um eine Kapitalflussrechnung, vielmehr soll ermittelt werden, wie viel in ein Projekt eingezahlt und wie viel in den Folgejahren zurückgezahlt wird, falls sich das Unternehmen und damit auch das Projekt so entwickeln, wie es in den Planrechnungen modelliert wurde.

Merke

Es existieren sehr viele **Cash Flow Definitionen**. Es ist stets auf die genaue Definition zu achten. Insbesondere sind die Cash Flows der Kapitalflussrechnung, die Bestandteil der Rechnungslegung ist, von den folgenden Definitionen genau zu unterscheiden.

Es ist von Bedeutung, dass grundsätzlich verschiedene Perspektiven relevant sind, deren Cash Flows nicht notwendigerweise gleich sein müssen:

- Die Sicht des Unternehmens (des Projekts) und
- die Sicht der Kapitalgeber (Eigen- und Fremdkapital).

Wir orientieren uns dabei an zwei Ansätzen:

- Der Cash Flow-Identität und
- den sogenannten Free Cash Flows.

Der Ansatz der Cash Flow-Identität führt in bestimmten Fällen zu Effekten, die die Interpretation erschweren. Aus diesem Grund hat sich in der Praxis der Ansatz der Free Cash Flows durchgesetzt (vgl. hierzu insbesondere Kapitel 4.7 Exkurs). Wir sind der Meinung, dass die Auseinandersetzung mit der Cash Flow-Identität das Grundverständnis der bilanziellen Zusammenhänge merklich erhöht. Für eine fokussierte Umsetzung kann der Leser aber Kapitel 4.2.1 überspringen.

Merke

Die **Ableitung von Cash Flows** aus gegebenen Plan-Bilanzen und Plan-GuVs kann auf verschiedene Art und Weise erfolgen. Bei der daran **anschließenden Bewertung** ist auf eine adäquate Interpretation zu achten.

4.2.1 Cash Flow-Identität

Wir wählen zunächst den Ansatz über die Cash Flow-Identität. Die Cash Flow-Identität ergibt sich aus der Bilanzgleichung, die besagt, dass der Wert der Aktiva immer dem Wert der Passiva entspricht. Daraus ergibt sich, dass jede Investition in Aktiva durch einen entsprechenden Kapitalfluss auf der Passivseite gedeckt sein muss. Es gilt also:

Cash Flow nach Aktiva =
Cash Flow von Fremdkapital + Cash Flow von Eigenkapital

und entsprechend

Cash Flow von Aktiva =
Cash Flow nach Fremdkapital + Cash Flow nach Eigenkapital

wobei sich die einzelnen Cash Flows folgendermaßen bestimmen lassen:

1. **Cash Flow von Aktiva** = Operativer Cash Flow (OCF)
– Investitionen in Anlagevermögen (AV)
– Zunahme Working Capital (WC)

mit:

Operativer Cash Flow = EBIT + Rückstellungen + Abschreibung – Steuern
= Gewinn + Rückstellungen + Abschreibung + Zinsen

Investition in Anlagevermögen = Endbestand AV – Anfangsbestand AV + Abschreibung

Zunahme Working Capital = Endbestand WC – Anfangsbestand WC,
wobei Working Capital = Umlaufvermögen – kurzfristige Verbindlichkeiten

2. **Cash Flow nach Fremdkapital** (FK) = Zinszahlung + Tilgung – Neuverschuldung

3. **Cash Flow nach Eigenkapital** (EK) = Ausschüttung (Dividenden) – Kapitalerhöhung

Folgende Überlegung mag die Definitionen erläutern. Ein erzielter positiver operativer Cash Flow (Zahlungsüberschuss) kann entweder reinvestiert werden (zum Kauf von Anlage- oder Umlaufvermögen) oder an die Fremd- oder Eigenkapitalgeber zurückfließen. Für das Umlaufvermögen wird das Working Capital gemäß Definition 1 verwendet. Beim Working Capital berücksichtigt man, dass der eigentliche Kapitalbedarf (für das Umlaufvermögen) durch kurzfristige Finanzierungen reduziert wird. Da die liquiden Mittel hier Teil des Umlaufvermögens sind, stellen liquide Mittel bei dieser Betrachtung stets eine Form von Investition dar.

Beispiel

Wir greifen wieder das Beispiel aus Kapitel 4.1.1 auf.

Wir ermitteln zunächst die Zunahme des Working Capitals gemäß Definition 1:

Working Capital	Jahr 01	Jahr 02	Jahr 03	Jahr 04	Jahr 05
Endbestand	500	- 200	100	1.300	2.000
./. Anfangsbestand	- 0	- 500	- (- 200)	- 100	- 1.300
Zunahme Working Capital	+ 500	- 700	+ 100	+ 1.200	+ 700

Man beachte, dass die Zunahme des Working Capitals eine Investition darstellt und sie deshalb bei der Ermittlung der Cash Flows von Aktiva abgezogen werden muss. Die Cash Flow-Identität ergibt sich nun wie folgt:

Cash Flow von Aktiva	Jahr 0	Jahr 1	Jahr 2	Jahr 3	Jahr 4
EBIT	*0*	*+ 200*	*+ 400*	*+ 900*	*+ 1.300*
+ Abschreibung	*0*	*+ 500*	*+ 500*	*+ 500*	*+ 500*
- Steuern	*0*	*0*	*- 150*	*- 400*	*- 600*
+ Operativer Cash Flow	+ 0	+ 700	+ 750	+ 1.000	+ 1.200
- Investition AV	- 2.500	- 200	- 300	+ 500	+ 0
- Zunahme WC	- 500	+ 700	- 300	- 1.200	- 700
Cash Flow	**- 3.000**	**+ 1.200**	**+ 150**	**+ 300**	**+ 500**

Cash Flow nach FK	Jahr 0	Jahr 1	Jahr 2	Jahr 3	Jahr 4
- Zunahme lfr. FK + Zinszahlungen	- 2.000 + 0	+ 1.000 + 200	+ 0 + 100	+ 0 + 100	+ 0 + 100
Cash Flow	**- 2.000**	**+ 1.200**	**+ 100**	**+ 100**	**+ 100**

Cash Flow nach EK	Jahr 0	Jahr 1	Jahr 2	Jahr 3	Jahr 4
- Zunahme EK + Dividenden	- 1.000	+ 0 + 0	+ 0 + 50	+ 0 + 200	+ 0 + 400
Cash Flow	**- 1.000**	**+ 0**	**+ 50**	**+ 200**	**+ 400**

Die Cash Flow-Identität ist demnach gegeben und es gilt in jedem Jahr *Cash Flow von Aktiva = Cash Flow nach Fremd- und Eigenkapital.*

Merke

Die Gleichung der **Cash Flow-Identität** muss für jedes Jahr aufgehen. Damit stellt die Cash Flow-Identität ein hervorragendes Werkzeug dar, um das eigene Modell zu überprüfen und gegebenenfalls Fehler bei den Berechnungen aufzudecken.

Im Falle der vorher diskutierten eingeschränkten Projektbetrachtung ist die Cash Flow-Identität nicht ermittelbar, da die Cash Flows nach Eigen- und Fremdkapital nicht vorliegen. Man muss sich entsprechend auf den Cash Flow von Aktiva beschränken.

Wir stellen zunächst fest, dass die Veränderung des Working Capitals den obigen entsprechen und ermitteln dann folgenden Cash Flow von Aktiva:

Cash Flow von Aktiva	Jahr 01	Jahr 02	Jahr 03	Jahr 04	Jahr 05
EBIT *+ Abschreibung* *- Steuern*	*0* *0* *0*	*+ 200* *+ 500* *- 100*	*+ 400* *+ 500* *- 200*	*+ 900* *+ 500* *- 450*	*+ 1.300* *+ 500* *- 650*
+ Operativer Cash Flow **- Investition AV** **- Zunahme WC**	+ 0 - 2.500 - 500	+ 600 - 200 + 700	+ 700 - 300 - 300	+ 950 + 500 - 1.200	+ 1.150 + 0 - 700
Cash Flow	**- 3.000**	**+ 1.100**	**+ 100**	**+ 250**	**+ 450**

Es zeigt sich, dass der Cash Flow von Aktiva nun aufgrund der unterschiedlichen Steuerermittlung (hier bezogen auf das nicht-gehebelte Unternehmen) geringer ausfällt. Ein möglicher Steuervorteil durch Fremdkapital muss in diesem Fall bei der Bewertung berücksichtigt werden (vgl. ausführlich Kapitel 4.7.2 und die dortigen Bemerkungen zum sogenannten Tax Shield).

Übungsaufgabe 4.4

Verwenden Sie die Projektionen der Bilanz und der Gewinn- und Verlustrechnung aus der Übungsaufgabe 4.3. Bestimmen Sie hieraus die Cash Flow-Identität.

Cash Flow von Aktiva	Jahr 0	Jahr 1	Jahr 2	Jahr 3	Jahr 4
EBIT *+ Abschreibung* *- Steuern*					
= Operativer Cash Flow **- Investition AV** **- Zunahme WC**					
Cash Flow					

Cash Flow nach FK	Jahr 0	Jahr 1	Jahr 2	Jahr 3	Jahr 4
- Zunahme lfr. FK + Zinszahlungen					
Cash Flow					

Cash Flow nach EK	Jahr 0	Jahr 1	Jahr 2	Jahr 3	Jahr 4
- Zunahme EK + Dividenden					
Cashflow					

4.2.2 Free Cash Flow

Der freie Cash Flow (oder Free Cash Flow) ermittelt den durch das Projekt generierten Zahlungsstrom, der entweder für weitere Investitionen oder für Rückzahlungen an die Eigen- und Fremdkapitalgeber zur Verfügung steht. Dies stellt den eigentlichen Unterschied zum Konzept der Cash Flow-Identität dar. Die Cash Flow-Identität berücksichtigt nur tatsächliche Rückflüsse an die Kapitalgeber als relevant für die Cash Flows.

Der Ansatz der Free Cash Flows ergibt sich, indem man die zweite in diesem Buch vorgestellte Definition des Working Capitals verwendet:

Working Capital (Definition 2)

= Umlaufvermögen ohne nicht-operative liquide Mittel
– kurzfristiges Fremdkapital ohne kurzfristige Bankdarlehen
= Vorräte + Forderungen + operative liquide Mittel
– Verbindlichkeiten gegenüber Lieferanten

Damit ergibt sich folgende Berechnung des projektbezogenen Cash Flows, dem sogenannten **Free Cash Flow (to Firm)**. Er entspricht dem Cash Flow von Aktiva.

Free Cash Flow to Firm = Operativer Cash Flow
– Investition Anlagevermögen
– Zunahme Working Capital

mit:

Operativer Cash Flow = EBIT + Rückstellungen + Abschreibungen – Steuern

Investition in Anlagevermögen = Endbestand AV – Anfangsbestand AV + Abschreibung

Zunahme Working Capital = Endbestand WC – Anfangsbestand WC

(mit Working Capital gemäß **Definition 2**)

Alternativ lässt sich dieser Free Cash Flow auch aus der Kapitalflussrechnung (bitte beachten Sie bei dieser Definition die Zuordnung von Zinszahlungen zum Cash Flow aus laufender Geschäftstätigkeit gemäß der Ausführungen in Kapitel 4.1.2) bestimmen:

Free Cash Flow to Firm = Cash Flow aus laufender Geschäftstätigkeit
– Investition Anlagevermögen
+ Zinsen

mit:

Cash Flow aus laufender Geschäftstätigkeit (*aus der Kapitalflussrechnung*)
= Gewinn + Rückstellungen + Abschreibungen – Zunahme Umlaufvermögen (ohne liquide Mittel) + Zunahme kurzfristige Verbindlichkeiten aus LuL

Merke

Sowohl der Cash Flow von Aktiva als auch der Free Cash Flow to Firm beschreiben Cash Flows aus Sicht des Unternehmens bzw. des Projekts.

Der Cash Flow nach Eigenkapital (aus der Cash Flow-Identität) wird dann zum **Free Cash Flow to Equity:**

Free Cash Flow to Equity = EBIT
+ Abschreibungen
+ Rückstellungen
+ Zunahme lfr. FK
– Zinszahlungen
– Steuern
– Investition in Anlagevermögen
– Zunahme Working Capital
= **Free Cash Flow** to Firm
+ Zunahme lfr. FK
– Zinszahlungen

mit:

Investition in Anlagevermögen = Endbestand AV – Anfangsbestand AV + Abschreibung

Zunahme Working Capital = Endbestand WC – Anfangsbestand WC
(mit Working Capital gemäß **Definition 2**)

Merke

Sowohl der Cash Flow nach Eigenkapital als auch der Free Cash Flow to Equity beschreiben Cash Flows aus Sicht des Eigenkapitalgebers.

Obige Formel für den Free Cash to Equity ergibt sich demnach im Grunde durch die Umstellung der Gleichung der Cash Flow-Identity und Auflösung nach dem Cash Flow, der die Eigenkapitalgebersicht beschreibt. Es ist nicht üblich, einen Free Cash Flow nach Fremdkapital auszuweisen.

Beispiel

Wir greifen auch hier das Beispiel aus Kapitel 4.1.1 auf und berechnen die Free Cash Flows unter Berücksichtigung der veränderten Working Capital Definition. Hierzu unterteilen wir die liquiden Mittel (LM) nun in einen operativen und einen nicht-operativen Teil. Der operative Teil der liquiden Mittel beschreibt den Anteil an Liquidität, der für das zu bewertende Projekt benötigt wird. Dieser Betrag kann veränderlich modelliert werden. Dies macht vor allem bei stark ansteigenden Umsätzen Sinn, weil davon ausgegangen werden kann, dass damit auch die Liquiditätsanforderungen ansteigen.

In unserem Beispiel modellieren wir die Bilanz dann folgendermaßen:

Bilanz	Jahr 0	Jahr 1	Jahr 2	Jahr 3	Jahr 4
Anlagevermögen	**2.500**	**2.200**	**2.000**	**1.000**	**500**
Maschinen und Gebäude	2.500	2.200	2.000	1.000	500
Umlaufvermögen	**500**	**400**	**700**	**1.900**	**2.600**
Vorräte	200	200	300	200	300
Forderungen	0	0	100	100	200
LM operativ	300	200	300	400	500
LM nicht-operativ	0	0	0	1.200	1.600
Summe Aktiva	**3.000**	**2.600**	**2.700**	**2.900**	**3.100**
Eigenkapital	**1.000**	**1.000**	**1.100**	**1.300**	**1.500**
eingezahltes EK	1.000	1.000	1.000	1.000	1.000
Rücklagen		0	100	300	500
Fremdkapital	**2.000**	**1.600**	**1.600**	**1.600**	**1.600**
lfr. FK	2.000	1.000	1.000	1.000	1.000
kfr. FK	0	600	600	600	600
Summe Passiva	**3.000**	**2.600**	**2.700**	**2.900**	**3.100**

Wir bestimmen zunächst das Working Capital für jedes Jahr und ermitteln so dessen jährliche Veränderung:

Working Capital Def. 2	Jahr 0	Jahr 1	Jahr 2	Jahr 3	Jahr 4
Umlaufvermögen	500	400	700	700	1.000
- kfr. FK	- 0	- 600	- 600	- 600	- 600
= Working Capital	**+ 500**	**- 200**	**+ 100**	**+ 100**	**+ 400**
Zunahme Working Capital	+ 500	- 700	+ 300	+ 0	+ 300

Damit ergeben sich folgende Free Cash Flows:

Free Cash Flow To Firm	Jahr 0	Jahr 1	Jahr 2	Jahr 3	Jahr 4
EBIT	*0*	*+ 200*	*+ 400*	*+ 900*	*+ 1.300*
+ Abschreibung	*0*	*+ 500*	*+ 500*	*+ 500*	*+ 500*
- Steuern	*0*	*0*	*- 150*	*- 400*	*- 600*
+ Operativer Cash Flow	+ 0	+ 700	+ 750	+ 1.000	+ 1.200
- Investition AV	- 2.500	- 200	- 300	+ 500	+ 0
- Zunahme WC	- 500	+ 700	- 300	- 0	- 300
Free Cash Flow	**- 3.000**	**+ 1.200**	**+ 150**	**+ 1.500**	**+ 900**

Free Cash Flow To Equity	Jahr 0	Jahr 1	Jahr 2	Jahr 3	Jahr 4
EBIT	0	+ 200	400	900	1.300
+ Abschreibungen	+ 0	+ 500	+ 500	+ 500	+ 500
+ Rückstellungen	+ 0	+ 0	+ 0	+ 0	+ 0
+ FK-Zunahme	+ 2.000	- 1.000	+ 0	+ 0	+ 0
– Zinszahlungen		- 200	- 100	- 100	- 100
– Steuern	+ 0	+ 0	- 150	- 400	- 600
– Investition in AV	- 2.500	- 200	- 300	+ 500	+ 0
– Zunahme WC	- 500	+ 700	- 300	- 0	- 300
Free Cash Flow	**- 1.000**	**+ 0**	**+ 50**	**+ 1.400**	**+ 800**

Merke

Die Free Cash Flows unterscheiden sich von der **Cash Flow-Identität** durch eine andere Definition des Working Capitals. Im Wesentlichen bedeutet dies, dass man bei der Bewertung einer Investition nur projektbezogene Investitionen und freie Liquidität als positiven Cash Flow berücksichtigt, unabhängig davon, ob diese Mittel tatsächlich den Kapitalgebern zufließen oder aber im Unternehmen verbleiben.

Auch an dieser Stelle muss die Anmerkung erfolgen, dass andere Definitionen des Free Cash Flows existieren. Der an dieser Stelle vorgestellte Ansatz wurde gewählt, weil er sich direkt aus der Cash Flow-Identität ableiten lässt und auch in der Umsetzung im Rahmen eines Excel-Sheets leicht nachvollziehbar ist. Bei Alternativdefinitionen wird zumeist der Steuervorteil durch die Fremdfinanzierung herausgerechnet. Dies führt dann zu kleineren Cash Flows (vgl. Kapitel 4.7 Exkurs).

Übungsaufgabe 4.5

Verwenden Sie wieder die Projektionen der Bilanz und der Gewinn- und Verlustrechnung aus der Übungsaufgabe 4.3. Bestimmen Sie hieraus nun die Free Cash Flows. Ermitteln Sie anschließend beide Free Cash Flows für den Projektfall (nicht.gehebeltes Unternehmen). Bestimmen Sie hierzu zunächst die angepasste Plan-Bilanz und Plan-GuV.

Free Cash Flow To Firm	Jahr 0	Jahr 1	Jahr 2	Jahr 3	Jahr 4
EBIT *+ Abschreibung* *- Steuern*					
+ Operativer Cash Flow **- Investition AV** **- Zunahme WC**					
Free Cash Flow					

Free Cash Flow To Equity	Jahr 0	Jahr 1	Jahr 2	Jahr 3	Jahr 4
EBIT + Abschreibungen + Rückstellungen + FK-Zunahme – Zinszahlungen – Steuern – Investition in AV – Zunahme Working Capital					
Free Cash Flow					

Für den Projektfall:

GuV	Jahr 01	Jahr 02	Jahr 03	Jahr 04	Jahr 05
Umsatz ./. Kosten ./. Abschreibung **= EBIT** ./. Steuern (50%)					
= Gewinn					

Bilanz	Jahr 01	Jahr 02	Jahr 03	Jahr 04	Jahr 05
Anlagevermögen Working Capital Def. 2					
Summe					

Übungsaufgabe 4.6

Unternehmen wie Apple Inc. und Google Inc. verfügen über hohe Bar-Reserven. Bewerten Sie diese unter Berücksichtigung der beiden Konzepte Cash Flow-Identität und Free Cash Flows.

4.3 Cash Flow-Bewertung

Wir kommen damit zur abschließenden Frage, ob die in Kapitel 4.2 ermittelten Cash Flows eine profitable Investition darstellen. Hierzu möchten wir aus der Vielfalt der Methoden aus der Investitionsrechnung drei sogenannte dynamische Methoden herausgreifen.

Dynamische Verfahren der Investitionsrechnung berücksichtigen den Zeitwert des Geldes, d.h. sie beziehen Ein- und Auszahlungen, die zu unterschiedlichen Zeitpunkten erfolgen, auf einen gemeinsamen Zeitpunkt.

Wir betrachten an dieser Stelle

- die Kapitalwertmethode,
- die Methode des internen Zinses und
- die dynamische Amortisationsdauer.

Methoden der Investitionsrechnung dienen als Entscheidungsgrundlage und bewerten, ob Investitionen profitabel oder nicht profitabel sind. Profitabilität wird dabei als das Erreichen bzw. Überschreiten einer Benchmark-Rendite (oder Hurdle Rate) interpretiert. Insbesondere die Kapitalwertmethode und die Methode des internen Zinses lassen sich somit als Werkzeuge verstehen, die überprüfen, ob die Investitionen die gesetzte Benchmark-Rendite erreichen oder nicht. Eine Veränderung der gesetzten Benchmark verändert die Investition selbst nicht, sondern führt lediglich zu einer angepassten Bewertung.

Merke

Methoden der Investitionsrechnung dienen der **Interpretation und Bewertung von Cash Flows**. Sie verändern **nicht** die eigentliche Wirtschaftlichkeit bzw. Profitabilität eines Business Cases.

Bei der Bewertung von Business Cases kommen die hier vorgestellten Methoden der Investitionsrechnung meist gemeinsam zur Anwendung und bilden nur einen Teil der Gesamtanalyse. Es sollte auch angemerkt werden, dass es Vorhaben gibt, bei denen die Bewertung durch die hier vorgestellten Methoden der Investitionsrechnung nur eingeschränkt sinnvoll ist. Dies gilt vor allem für Vorhaben, die nur geringe Investitionen vorsehen oder bei denen nur dann Kosten entstehen, wenn Umsätze vorhanden sind. Dies ist beispielsweise bei Personalvermittlungstätigkeiten, Provisionsgeschäft oder Consulting oft der Fall.

4.3.1 Berechnung und Interpretation des Kapitalwerts

Bei der Kapitalwertmethode werden alle zukünftigen Zahlungen auf den heutigen Zeitpunkt diskontiert, um die Projekte miteinander zu vergleichen. Dabei ergibt sich der Kapitalwert (oder Barwert, englisch Net Present Value: NPV) einer Investition oder eines Investitionsprojekts durch Diskontierung und anschließender Addition der zukünftigen Zahlungsströme.

Ein positiver Kapitalwert kann als Mehrwert, der durch die Investition generiert wird, interpretiert werden. Da jeder Unternehmer bestrebt ist, den Wert des Unternehmens zu erhöhen, wird also diejenige Investition gewählt, die den höchsten positiven Kapitalwert besitzt.

Mathematisch erfolgt diese Diskontierung von Zahlungsströmen folgendermaßen:

$$NPV(i) = -z_0 + \frac{z_1}{(1+i)^1} + \frac{z_2}{(1+i)^2} + \ldots + \frac{z_T}{(1+i)^T} = -z_0 + \sum_{t=1}^{T} \frac{z_t}{(1+i)^t}$$

wobei i den Abzinsungsfaktor und z_t die jeweiligen (jährlichen) Zahlungsströme, also Ein- und Auszahlungen, beschreiben.

Verwendet man als Abzinsungsfaktor die eingangs beschriebene Benchmark-Rendite, so gibt ein positiver Kapitalwert an, dass zum einen die Rendite der Investition über der Benchmark liegt und zum anderen darüber hinaus noch ein Mehrwert (entspricht dem Kapitalwert) generiert wird.

Beispiel

Wir greifen wieder das Beispiel aus Kapitel 4.1.1 auf und betrachten die beiden Cash Flows:

- Cash Flow von Aktiva (- 3.000; + 1.200; + 150; + 300; +3.000) und
- Free Cash Flow to Firm (- 3.000; + 1.200; + 150; + 1.500; +1.800).

In beiden Fällen haben wir im letzten Jahr somit Terminal Values berücksichtigt. Im Fall des Cash Flow von Aktiva +2.500, im Fall des Free Cash Flow to Firm +900. Für die Berechnung verweisen wir auf Kapitel *4.4.1 Buchwert Ansatz*. Dort wird auch erläutert, warum die hier zu berücksichtigenden Terminal Values für den verwendeten Buchwert-Ansatz unterschiedlich sein müssen.

Beide Cash Flows beschreiben die Profitabilität aus Sicht des Unternehmens. Es ergeben sich folgende Kapitalwerte, wobei wir hier beispielhaft unterschiedliche Diskontierungsfaktoren verwenden:

Diskontierungsfaktor	0%	6%	9%	12%	15%	18%
Cash Flow von Aktiva	1.650	893,74	584,10	311,10	69,41	-145,37
Free Cash Flow to the Firm	1.650	950,77	660,61	402,61	172,33	-33,96

Selbstverständlich ergibt der Free Cash Flow immer einen höheren Kapitalwert, weil die Rückflüsse früher generiert werden. Addiert man jeweils die beiden Cash Flows (entspricht einem Diskontierungsfaktor von 0%) erkennt man, dass beide Varianten denselben Wert (nämlich 1.650) ergeben. Die Wahl des Diskontierungsfaktors verändert nicht die eigentliche Profitabilität des Vorhabens, sondern bewertet sie nur unterschiedlich anhand der definierten Zielsetzungen (Benchmarks).

Merke

Ein **positiver Kapitalwert** bedeutet, dass zukünftige Rückflüsse, die auf den heutigen Tag diskontiert werden, die Investitionen übersteigen. Die eigentliche Schwierigkeit liegt in der „richtigen" heutigen Bewertung einer zukünftigen Zahlung, also der Wahl des Abzinsungsfaktors.

Übungsaufgabe 4.7

Ein Unternehmen bewertet zwei Projekte und berechnet den Kapitalwert der projizierten Cash Flows mit einem einheitlichen Abzinsungsfaktor von 15%.

- Projekt 1: Gründung eines Tochterunternehmens in der Schweiz. Wirtschaftliche Risiken werden als gering eingeschätzt.
- Projekt 2: Gründung eines Tochterunternehmens in Togo. Wirtschaftliche Risiken werden als hoch eingeschätzt.

Das Projekt 2 erreicht einen deutlich höheren Kapitalwert. Erörtern Sie, warum es trotzdem falsch sein könnte, sich für Projekt 2 zu entscheiden.

4.3.2 Berechnung und Interpretation des Internen Zinses

Bei der Methode des internen Zinssatzes wird derjenige Kalkulationszinssatz i* bestimmt, für den gilt: NPV = 0. Dieser interne Zinssatz wird häufig auch als Rendite (englisch: Internal Rate of Return: IRR) einer Investition bezeichnet. Eine Investition ist dann vorteilhaft, falls die interne Rendite größer als eine vorgegebene Mindestverzinsung des eingesetzten Kapitals ist. Bei mehreren Investitionsalternativen wird die Alternative mit der höchsten (nicht-negativen) internen Rendite gewählt. Auf mathematische Besonderheiten bei der Berechnung des Internen Zinssatzes wollen wir hier nicht eingehen und verweisen auf die entsprechende Fachliteratur.

Verwendet man als vorgegebene Mindestverzinsung die eingangs beschriebene Benchmark-Rendite, so gibt ein interner Zins, der über der Benchmark liegt, an, dass zum einen die Rendite der Investition über der Benchmark liegt und zum anderen um wie viel (entspricht der Differenz der beiden Zinssätze).

Beispiel

Für die beiden Cash Flows aus dem vorherigen Beispiel ergeben sich folgende interne Zinssätze (mit Excel bestimmt):

- Cash Flow von Aktiva: 15,93%
- Free Cash Flow to Firm: 17,48%

Der interne Zins für den Free Cash Flow to Firm ist erwartungsgemäß höher.

Merke

Ein **interner Zins** kann als durchschnittliche Verzinsung einer Investition interpretiert werden. Er sollte höher als die gesetzte Benchmark sein.

Übungsaufgabe 4.8

Wenn Sie eine Anleihe von Griechenland erwerben, ist damit finanzmathematisch ein höherer interner Zins verbunden als beim Erwerb einer Bundesanleihe Deutschlands. Warum ist das so? Und macht es dann überhaupt Sinn, eine deutsche Bundesanleihe zu erwerben?

4.3.3 Berechnung und Interpretation der Amortisationsdauer

Die Methode der dynamischen Amortisationsrechnung ermittelt den Zeitraum, der benötigt wird, um investiertes Kapital über die Rückflüsse „zurückzugewinnen". Hierzu werden die Kapitalwerte für verkürzte Zahlungsströme bestimmt und solange um jeweils eine Periode verlängert, bis man einen positiven Kapitalwert erhält. Die Anzahl der Perioden entspricht der Amortisationsdauer. Es wird diejenige Investitionsalternative ausgewählt, die die kürzeste Amortisationsdauer (Kapitalwiedergewinnzeit oder englisch: Pay-Back-Period) aufweist. Ziel ist wiederum, die mit der Investition verbundene zeitliche Unsicherheit zu minimieren, indem auf einen frühzeitigen Kapitalrückfluss Wert gelegt wird. Ein allgemeines Kriterium für die Vorteilhaftigkeit bei nur einer Investitionsalternative lässt sich hier nicht formulieren. Die dynamische Amortisationsrechnung akkumuliert die Rückflüsse einer Investition, wobei die Zeitwerte der Rückflüsse explizit berücksichtigt werden. Unterjährige Amortisationsdauern lassen sich berechnen, falls man im Modell bestimmte Annahmen trifft.

Beispiel

Für die beiden Cash Flows aus dem vorherigen Beispiel ergeben sich folgende dynamische Amortisationsdauern, wobei wir zunächst die Kapitalwerte für die verkürzten Zahlungsströme bestimmen. Wir unterstellen einen Diskontierungsfaktor von 15%:

	Cash Flow von Aktiva		**Free Cash Flow to Firm**	
bis...	Cash Flow	Kapital-wert	Cash Flow	Kapital-wert
Jahr 0	(-3.000)	**- 3.000**	(-3.000)	**- 3.000**
Jahr 1	(-3.000; +1.200)	**- 1.957**	(-3.000; +1.200)	**- 1.957**
Jahr 2	(-3.000; +1.200; +150)	**- 1.843**	(-3.000; +1.200; +150)	**- 1.843**
Jahr 3	(-3.000; +1.200; +150; +300)	**- 1.646**	(-3.000; +1.200; +150; +1.500)	**- 857**
Jahr 4	(-3.000; ...; +3.000)	**69,41**	(-3.000; ... ; +1.800)	**172,33**

Damit ergibt sich, dass bei beiden Betrachtungsweisen, Cash Flow von Aktiva und Free Cash Flow to Firm, die Amortisation nach 4 Jahren und nur bei Einbeziehen eines Terminal Values eintritt. Die Interpretation des Werts muss dies entsprechend berücksichtigen. Grundsätzlich führt auch bei der Ermittlung der Amortisationsdauer der Ansatz des Free Cash Flow to Firm zu einer günstigeren Bewertung, d.h. die Amortisationsdauer ist in der Regel kürzer.

Merke

Die **dynamische Amortisationsdauer** gibt an, in welchem Zeitraum die ursprüngliche Investition zurückgezahlt ist. Je kürzer dieser Zeitraum, desto besser.

Übungsaufgabe 4.9

Wenn Sie zwei oder mehr Investitionsalternativen vergleichen, kann es sein, dass die hier vorgestellten Methoden (Kapitalwert, interner Zins und Amortisationsdauer) unterschiedliche Priorisierungen ergeben. Wie kann so etwas sein? Denken Sie daran, was Sie mit den Methoden eigentlich machen!

4.3.4 Bestimmung einer Benchmark-Rendite

Für die Wahl einer sinnvollen Benchmark bei der Anwendung der Methoden der Investitionsrechnung wollen wir uns zunächst folgenden Sachverhalt vergegenwärtigen:

Zweck eines Unternehmens ist im Endeffekt die Verwaltung von Investitionen durch Eigen- und Fremdkapitalgeber. Für das Bereitstellen der finanziellen Mittel erwarten sie in Abhängigkeit der eingegangenen Risiken eine Kompensation in Form von Dividenden und Wertsteigerungen oder Zinszahlungen. Profitabel ist eine durch das Unternehmen getätigte Investition somit dann, wenn die Erwartungen von Eigen- und Fremdkapitalgebern hinsichtlich dieser Kompensation erfüllt werden.

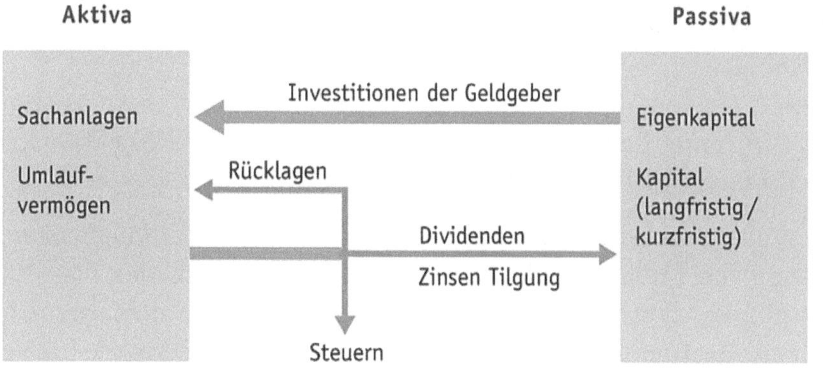

Abb. 4.5: Zahlungsströme im Unternehmen

Die „Erwartungen" werden in praxi als Eigen- bzw. Fremdkapitalkosten bezeichnet. Für ein Projekt, das sowohl durch Eigen- als auch Fremdkapital finanziert ist, gilt somit ein gewichteter Kapitalkostensatz, auch als WACC (Weighted Average Cost of Capital) bezeichnet.

Wir übertragen diese Überlegung nun auf die Cash Flows und die damit verbundenen unterschiedlichen Perspektiven, also Projekt-Sicht, Eigenkapitalgeber-Sicht und Fremdkapitalgeber-Sicht. Somit sind als Benchmark für den Cash Flow von Aktiva und den Free Cash Flow to Firm der gewichtete Kapitalkostensatz und für den Cash Flow nach Eigenkapital und den Free Cash Flow to Equity der Eigenkapitalkostensatz als Benchmark zu verwenden. Für den Cash Flow nach Fremdkapital macht nur der Fremdkapitalkostensatz als Benchmark Sinn. Wie man leicht erkennen kann, ist eine Untersuchung in diesem Fall aber nicht sehr spannend, weil man die Cash Flows nach Fremdkapital genau mit diesem Zinssatz modelliert hat und der Kapitalwert damit immer gleich 0 ist.

Beispiel

Unterstellen wir in unserem bisherigen Beispiel folgende Kapitalkosten:

- Eigenkapitalkosten: 25%
- Fremdkapitalkosten: 10%

ergibt sich ein WACC von: $\frac{1}{3} \times 25\% + \frac{2}{3} \times 10\% = 15\%$

Merke

Die Wahl einer sinnvollen **Benchmark-Rendite** ist fundamental für die Bewertung der Cash Flows. Je nach Perspektive sind andere Benchmarks zu verwenden.

Für eine theoretische Bestimmung der Kapitalkostensätze verweisen wir auf die weiterführende Literatur.

4.4 Terminal Value

Der Terminal Value oder Restwert beschreibt in einem Business Case den Wert des Vorhabens zum Ende der Projektionsdauer. Je kürzer die Projektionsdauer, desto größer der Einfluss des Terminal Values auf die Bewertung.

Wir wollen uns an dieser Stelle auf die Vorstellung von zwei Möglichkeiten der Berücksichtigung von Terminal Values beschränken, die sich an den Plan-Bilanzen und -GuVs orientieren, dem Buchwert- und dem Going-Concern-Ansatz. Eine weitere Möglichkeit zur Bestimmung des Terminal Values ist beispielsweise die Verwendung von Multiplikatoren auf den Ertrag zum Ende der Planungsperiode. Dieser Ansatz wird vor allem von Private Equity Gesellschaften häufig verwendet und wurde von uns im Beispiel des Kapitels 3.5.4 aufgegriffen.

4.4.1 Buchwert-Ansatz

Der erste sehr vereinfachende und konservative Buchwert-Ansatz berücksichtigt alle Aktiv- und Passivposten zum Buchwert. Er unterstellt also, dass der Wert des Unternehmens bzw. des Projektes gerade den Buchwerten entspricht und eine Liquidation in dieser Höhe möglich wäre.

Beispiel

Wir greifen wieder das Beispiel aus Kapitel 4.1.1 auf.

a) Zunächst bestimmen wir den Terminal Value für die Cash Flow-Identität. Der Buchwert-Ansatz lässt sich einfach dadurch darstellen, dass das letzte Jahr der Bilanz Null gesetzt wird, d.h. alle Bilanzpositionen zum Buchwert aufgelöst werden.

Bilanz	Jahr 0	Jahr 1	Jahr 2	Jahr 3	Jahr 4
Anlagevermögen	**2.500**	**2.200**	**2.000**	**1.000**	**0**
Maschinen und Gebäude	2.500	2.200	2.000	1.000	0
Umlaufvermögen	**500**	**400**	**700**	**1.900**	**0**
Vorräte	200	200	300	200	0
Forderungen	0	0	100	100	0
LM operativ	300	200	300	400	0
LM nicht-operativ	0	0	0	1.200	0
Summe Aktiva	**3.000**	**2.600**	**2.700**	**2.900**	**0**
Eigenkapital	**1.000**	**1.000**	**1.100**	**1.300**	**0**
eingezahltes EK	1.000	1.000	1.000	1.000	0

Rücklagen		0	100	300	0
Fremdkapital	**2.000**	**1.600**	**1.600**	**1.600**	**0**
lfr. FK	2.000	1.000	1.000	1.000	0
kfr. FK	0	600	600	600	0
Summe Passiva	**3.000**	**2.600**	**2.700**	**2.900**	**0**

Entsprechend einfach ergibt sich dann folgende Cash Flow-Identität (selbstverständlich ist im Vergleich zur bisherigen Betrachtung nur das letzte Jahr von der Änderung betroffen):

Cash Flow von Aktiva	Jahr 0	Jahr 1	Jahr 2	Jahr 3	Jahr 4
EBIT	*0*	*+ 20*	*+ 40*	*+ 90*	*+ 1 300*
+ A schreibung	*0*	*+ 50*	*+ 50*	*+ 50*	*+ 50*
- Steuern	*0*	*0*	*- 150*	*- 400*	*- 600*
+ Operativer Cash Flow	+ 0	+ 700	+ 750	+ 1.000	+ 1.200
- Investition AV	- 2.500	- 200	- 300	+ 500	+ 500
- Zunahme WC	- 500	+ 700	- 300	- 1.200	+ 1.300
Cash Flow	**- 3.000**	**+ 1 200**	**+ 1 0**	**+ 3 0**	**+ 3 000**

Cash Flow nach FK	Jahr 0	Jahr 1	Jahr 2	Jahr 3	Jahr 4
- Zunahme lfr. FK	- 2.000	+ 1.000	+ 0	+ 0	+ 1.000
+ Zinszahlungen	+ 0	+ 200	+ 100	+ 100	+ 100
Cash Flow	**- 2.000**	**+ 1 200**	**+ 1 0**	**+ 1 0**	**+ 1 100**

Cash Flow nach EK	Jahr 0	Jahr 1	Jahr 2	Jahr 3	Jahr 4
- Zunahme EK	- 1.000	+ 0	+ 0	+ 0	+ 1.500
+ Dividenden		+ 0	+ 50	+ 200	+ 400
Cash Flow	**- 1.000**	**+**	**+ 5**	**+ 2 0**	**+ 1 900**

Somit beträgt der Terminal Value *TV* = Erlös NWC + Erlös Anlagevermögen = 2.000 + 500 = 2.500 (vgl. Kapitel 4.3.1).

Für die Cash Flows ergeben sich dann folgende Kapitalwerte und Interne Zinssätze:

- *NPV*(Cash Flow nach EK) = - 87,36 (Benchmark 25%); *IRR* = 22,04%
- *NPV*(Cash Flow nach FK) = 0 (Benchmark 10%); *IRR* = 10,0%

- *NPV*(Cash Flow von Aktiva) = + 69,41 (Benchmark 15%); *IRR* = 15,93%

Der Kapitalwert für den Fremdkapitalgeber ist 0, da der Cash Flow genau die 10%ige Verzinsung darstellt, die modelliert wurde. Es ist an dieser Stelle sicherlich auch interessant zu sehen, dass die Summe der beiden Kapitalwerte der Cash Flows nach EK und FK nicht dem Kapitalwert von Aktiva entspricht (-87,36 + 0 ≠ +69,41). Dies liegt daran, dass die Rückflüsse nicht gleichmäßig verteilt sind und sich die EK/FK-Quote deutlich verändert. Im Grunde müsste man aber davon ausgehen, dass sowohl aus Projektsicht als auch aus Eigenkapitalgebersicht der gleiche Mehrwert durch das Projekt geschaffen wird, da ja der Kapitalwert für den Fremdkapitalgeber 0 ist. Erschwerend kommt im vorliegenden Fall hinzu, dass die Ergebnisse widersprüchlich sind, aus Sicht des Unternehmens ist das Projekt profitabel, aus Sicht der Eigenkapitalgeber nicht. Die letztendliche Entscheidung muss also von den Stakeholdern auf Basis anderer bzw. weiterer Analysen getroffen werden.

b) Im Fall der Free Cash Flows muss lediglich auf die differenzierte Definition des Working Capitals geachtet werden, so dass hier die Größe *Zunahme Working Capital* in den einzelnen Jahren anders als bei der Cash Flow-Identität ist, in der Summe aber gleich.

Es ergeben sich folgende Free Cash Flows:

Free Cash Flow To Firm	Jahr 0	Jahr 1	Jahr 2	Jahr 3	Jahr 4
EBIT	*0*	*+ 200*	*+ 400*	*+ 900*	*+ 1.300*
+ Abschreibung	*0*	*+ 500*	*+ 500*	*+ 500*	*+ 500*
- Steuern	*0*	*0*	*- 150*	*- 400*	*- 600*
+ Operativer Cash Flow	+ 0	+ 700	+ 750	+ 1.000	+ 1.200
- Investition AV	- 2.500	- 200	- 300	+ 500	+ 500
- Zunahme WC	- 500	+ 700	- 300	- 0	+ 100
Free Cash Flow	**- 3.000**	**+ 1.200**	**+ 150**	**+ 1.500**	**+ 1.800**

Free Cash Flow To Equity	Jahr 0	Jahr 1	Jahr 2	Jahr 3	Jahr 4
EBIT	0	+ 200	400	900	1.300
+ Abschreibungen	+ 0	+ 500	+ 500	+ 500	+ 500
+ Rückstellungen	+ 0	+ 0	+ 0	+ 0	+ 0
+ FK-Zunahme	+ 2.000	+ 0	+ 0	+ 0	+ 0

– Zinszahlungen		- 200	- 100	- 100	- 100
– Tilgung		- 1000			- 1.000
– Steuern	+ 0	+ 0	- 150	- 400	- 600
– Investition in AV	- 2.500	- 200	- 300	+ 500	+ 500
– Zunahme WC	- 500	+ 700	- 300	- 0	+ 100
Free Cash Flow	**- 1.000**	**+ 0**	**+ 50**	**+ 1.400**	**+ 700**

Da das Working Capital die liquiden Mittel in diesem Fall nicht miteinschließt, ergibt sich der Terminal Value entsprechend: *TV* = Erlös NWC + Erlös Anlagevermögen = 400 + 500 = 900.

Für die Cash Flows ergeben sich zudem folgende Kapitalwerte und Interne Zinssätze:

- *NPV* (Free Cash Flow to Firm) = + 172,33 (Benchmark 15%); *IRR* = 17,48%
- *NPV* (Free Cash Flow to Equity) = + 35,52 (Benchmark 25%); *IRR* = 26,35%

In diesem Fall sind zumindest beide Kapitalwerte positiv und die Entscheidung über die Annahme des Projekts leichter. Trotzdem kann man auch hier einen deutlichen Unterschied zwischen den beiden Kapitalwerten beobachten.

4.4.2 Going-Concern-Ansatz

Gerade auch im Rahmen von Unternehmensbewertungen wird hingegen oft von einer Fortführung des Unternehmens ausgegangen, die sogenannte Going-Concern Annahme. Der Wert des Unternehmens fällt damit selbstverständlich höher aus, auch ein Projekt wird dadurch günstiger bewertet. Wir wollen uns hier auf einen gängigen Ansatz beschränken, nämlich der Fortschreibung des letzten Cash Flows anhand einer konservativen Wachstumsrate. Der Terminal Value im Jahr n ergibt sich dann zu:

$$Terminal\ Value = \frac{Cash\ Flow \times (1 + g)}{i - g}$$

Es handelt sich hierbei, um eine ewige Rente mit konstanter Wachstumsrate, häufig auch als Gordon Growth Modell bezeichnet, wobei i den Diskontierungsfaktor bezeichnet und g die Wachstumsrate. Es ist leicht ersichtlich, dass g kleiner als i sein sollte. Bitte beachten Sie, dass die Annahme eines Going-Concern eigentlich nur dann berechtigt und sinnvoll ist, wenn auch fortlaufende Investitionen in das Anlagevermögen getätigt werden.

Merke

Da bei der Cash Flow-Identität der letzte Cash Flow nur von der letzten Dividenden- bzw. Zins- und Tilgungsmodellierung abhängt, wird der Terminal Value willkürlich. Der Going-Concern-Ansatz sollte deshalb bei der Cash Flow-Identität nur nach intensiver Prüfung der Sinnhaftigkeit gewählt werden.

Beispiel

Der Going-Concern-Ansatz für unser Beispiel erfordert zunächst eine Schätzung der konstanten Wachstumsrate. Da die Wachstumsrate konstant unendlich lange gelten soll, ist eine niedrige Wachstumsrate realistisch. Wir wählen g = 2% und i = 15%.

a) Wir betrachten wieder zunächst die Cash Flow-Identität. Der letzte Cash Flow von Aktiva betrug hier 500 (vgl. Kapitel 4.2.1), so dass sich als Terminal Value ergibt:

$$Terminal\ Value = \frac{Cash\ Flow \times (1+g)}{i-g} = \frac{500 \times (1+2\%)}{15\% - 2\%} = 3.923$$

Der Gesamt-Cash Flow von Aktiva ist somit:

Cash Flow von Aktiva	Jahr 0	Jahr 1	Jahr 2	Jahr 3	Jahr 4
Cash Flow	**- 3.000**	**+ 1.200**	**+ 150**	**+ 300**	**+ 4.423**

mit NPV = 883,02 und IRR = 25,3%.

b) Im Fall des Free Cash Flows to Firm betrug der letzte Cash Flow 900 (vgl. Kapitel 4.2.2), woraus folgt:

$$Terminal\ Value = \frac{Cash\ Flow \times (1+g)}{i-g} = \frac{900 \times (1+2\%)}{15\% - 2\%} = 7.062$$

Free Cash Flow To Firm	Jahr 0	Jahr 1	Jahr 2	Jahr 3	Jahr 4
Free Cash Flow	**- 3.000**	**+ 1.200**	**+ 150**	**+ 1.500**	**+ 7.962**

mit NPV = 3.695,47 und IRR = 48,0%.

Die Berechnungen anhand unseres Standardbeispiels machen deutlich, wie stark der Einfluss des jeweiligen Terminal Value-Ansatzes auf das Gesamtergebnis und die Bewertung mit Hilfe des Kapitalwerts oder des Internen Zinssatzes ist. Es sei allerdings nochmals betont, dass das eigentliche Projekt durch die Rechenmethodik nicht beeinflusst, geschweige denn verbessert wird.

Übungsaufgabe 4.10

Diskutieren Sie die Methoden zur Bestimmung eines Terminal Values. Welche Methode sollte mit welcher Zielsetzung angewendet werden?

Übungsaufgabe 4.11

Wir betrachten wieder die Projektionen der Bilanz und GuV aus der Übungsaufgabe 4.3. Verwenden Sie die daraus abgeleiteten Free Cash Flows to Firm und Equity und bestimmen Sie die jeweiligen Terminal Values mit dem Going-Concern-Ansatz. Leiten Sie anschließend den Kapitalwert und Internen Zinssatz ab.

FCFF	Jahr 0	Jahr 1	Jahr 2	Jahr 3	Jahr 4
Cash Flow	- 23.000	+ 1.500	+ 4.500	+ 4.500	+ 6.000

FCFE	Jahr 0	Jahr 1	Jahr 2	Jahr 3	Jahr 4
Cash Flow	- 10.000	+ 500	+ 3.500	+ 3.500	+ 5.000

4.5 Liquiditätsrechnung

Die **Liquidität** (oder Zahlungsfähigkeit) stellt für ein Unternehmen eines der zentralen Erfordernisse im täglichen Geschäftsbetrieb dar. Ein Unternehmen wird als liquide bezeichnet, wenn es in der Lage ist, alle zwingend notwendigen Zahlungsverpflichtungen gegenüber Lieferanten, Arbeitnehmern, Gläubigern, etc. termingerecht und betragsgenau erfüllen zu können.

Merke

Durch die Erstellung von Plan-Bilanz und Plan-GuV reduziert man die Zeitpunkte der Cash Flows. Im Modell finden Cash Flows dann nur noch zu den Zeitpunkten der Rechnungslegung statt.

Die Sicherung der Liquidität stellt zugleich eines der zentralen Aufgaben des **Working Capital Managements** dar. Im Rahmen des Business Planning kann hierfür eine separate Liquiditätsrechnung für das erste Jahr erstellt werden. Da sich Plan-Bilanzen nur auf Zeitpunkte beziehen, ist es durchaus möglich, dass die Unternehmen zu diesen Zeitpunkten liquide sind. Ob dies aber auch während der gesamten dazwischenliegenden Periode der Fall war, ist nicht ersichtlich. Auch die Gewinn- und Verlustrechnung liefert hier keinen Aufschluss, weil die Werte der GuV akkumuliert für den Zeitraum angegeben sind.

Die folgende Abbildung zeigt beispielhaft den Aufbau einer Liquiditätsrechnung:

Woche	T=1	T=2	T=3	T=4	...
freie Kreditlinien (eingeräumte Bankkredite - beanspruchte Bankkredite)					
vorhandene liquide Mittel (Bankguthaben, Postscheckguthaben, Schecks)					
= Bruttoverfügungsrahmen (freie Kreditlinien + Liquide Mittel)					
erwartete Einzahlungen					
- erwartete Auszahlungen Löhne, Gehälter, soziale Leistungen, Steuern, fällige Rechnungen etc.					
Einzahlungsüberschuss (Einzahlungen – Auszahlungen)					
= Über- / Unterdeckung (Bruttoverfügungsrahmen + Einzahlungsüberschuss)					

Abb. 4.6: Liquiditätsplanung

Merke

Die **Liquiditätsplanung** stellt im Rahmen des Business Plans sicher, dass von vorneherein eine **ausreichende Finanzierung**, d.h. Mittel in ausreichender Höhe, für den Business Case eingeworben wird.

Übungsaufgabe 4.12

Erläutern Sie anhand des Fallbeispiels der JV GmbH (vgl. Kapitel 4.8.1), wie es zu Liquiditätsproblemen kommen könnte. Argumentieren Sie hierzu mit unterschiedlichen Zahlungszielen.

Woche	T=1	T=2	T=3	T=4	...
freie Kreditlinien (eingeräumte Bankkredite - beanspruchte Bankkredite)					
vorhandene liquide Mittel (Bankguthaben, Postscheckguthaben, Schecks)					
= Bruttoverfügungsrahmen (freie Kreditlinien + Liquide Mittel)					
erwartete Einzahlungen					
- erwartete Auszahlungen Löhne, Gehälter, soziale Leistungen, Steuern, fällige Rechnungen etc.					
Einzahlungsüberschuss (Einzahlungen – Auszahlungen)					
= Über- / Unterdeckung (Bruttoverfügungsrahmen + Einzahlungsüberschuss)					

4.6 Risikobewertung

Die Auseinandersetzung mit den Risiken eines Vorhabens stellt eine der schwierigsten Aufgaben innerhalb eines Business Planes dar. Eine Überbetonung mag Entscheider und Kapitalgeber abschrecken. Eine zu geringe Beachtung oder gar Nicht-Berücksichtigung kann zu großem Misstrauen führen. Auch stellt sich stets die Frage der richtigen Platzierung innerhalb einer schriftlichen Ausarbeitung oder einer Präsentation. Beendet man beides mit eher negativen Botschaften, muss befürchtet werden, dass sich diese besonders stark im Gedächtnis der Entscheider festsetzen. Kommt man nicht selber zu dem Schluss, dass ein Business Case aufgrund der Risiken abgelehnt werden muss, sollten Argumente gesammelt werden, die die Risiken entkräften, beherrschbar machen und Lösungsansätze aufzeigen. Man sollte als Ersteller des Business Plans berücksichtigen, dass Entscheider meist noch düsterere Szenarien malen, und sich darauf entsprechend vorbereiten.

Merke

Die Auseinandersetzung mit den **Risiken eines Business Cases** ist Grundbestandteil eines guten Business Plans. Es ist in aller Regel besser, offen mit Risiken umzugehen und bereits Lösungsansätze zu präsentieren, als diese zu verschweigen.

Übungsaufgabe 4.13

Für einen Business Case ermitteln Sie u.a. folgende Profitabilitätsrisiken:

- Verschärfte rechtliche Vorgaben zum Umweltschutz,
- Auswirkungen des Lieferkettengesetzes,
- Schwierigkeiten bei der Suche nach qualifizierten Arbeitskräften,
- Inflationsrisiko,
- Währungsrisiko (beim Einkauf von Rohmaterial).

Welche „positiven" Botschaften könnten diese entkräften bzw. beherrschbar machen?

4.6.1 Szenario-Analysen

Szenario-Analysen stellen eine gängige Vorgehensweise bei der Evaluierung von Projekten dar. Aufgrund der heutigen technischen Möglichkeiten verursacht das Betrachten unterschiedlicher Konstellationen keinen großen Aufwand. In der Praxis werden im Sinne einer Modellierung sehr viele unterschiedliche Konstellationen durchgerechnet. Erst im Zuge der Kommunikation und Präsentation beschränkt sich der Ersteller dann auf einige wenige Szenarien. In der Literatur findet man hier meist die Beschränkung auf drei Fälle, die dann als „base-case", „best-case" und „worst-case" bezeichnet werden. Der Modellierer sollte sich dabei, wenn möglich, auf aussagekräftige Szenarien konzentrieren. Bei dem Best-Case-Szenario kann beispielsweise die maximale Auslastung der Produktionsstätten angenommen werden, beim Worst-Case-Szenario ein Fall, bei dem der Kapitalwert negativ wird, so dass das Worst-Case-Szenario gleichsam einen „Break-even"-Punkt markiert.

Merke

Die Vorstellung unterschiedlicher Szenarien macht für einen Entscheider nur Sinn, wenn er daraus Rückschlüsse auf die Umsetzung des Vorhabens ziehen kann.

Beispiel

Ausgehend von unserem Business Case in Kapitel 4.1.1 (und der Verfeinerung in Bezug auf die liquiden Mittel in Kapitel 4.2.2) würde man dieses Szenario als Base-Case-Szenario festlegen:

Base-Case:

GuV	Jahr 01	Jahr 02	Jahr 03	Jahr 04	Jahr 05
Umsatz	0	1.500	1.900	2.500	3.000
./. Kosten	0	- 800	- 1.000	- 1.100	- 1.200
./. Abschreibung	0	- 500	- 500	- 500	- 500
= EBIT	**0**	**+ 200**	**+ 400**	**+ 900**	**+ 1.300**
./. Zinsen	0	- 200	- 100	- 100	- 100
= Gewinn vor Steuern	**0**	**0**	**+ 300**	**+ 800**	**+ 1.200**
./. Steuern (50%)	0	0	- 150	- 400	- 600
= Gewinn	**0**	**0**	**+ 150**	**+ 400**	**+ 600**
davon einbehalten	0	0	+ 100	+ 200	+ 200
davon Dividende	0	0	+ 50	+ 200	+ 400

Bilanz	Jahr 01	Jahr 02	Jahr 03	Jahr 04	Jahr 05
Anlagevermögen	**2.500**	**2.200**	**2.000**	**1.000**	**500**
Vorräte	200	200	300	200	300
Forderungen	0	0	100	100	200
Liquide Mittel operativ	300	200	300	400	500
Liquide Mittel nicht-operativ	0	0	0	1.200	1.600
Summe Umlaufvermögen	500	400	700	1.900	2.600
Summe Aktiva	**3.000**	**2.600**	**2.700**	**2.900**	**3.100**

Eingezahltes EK	1.000	1.000	1.000	1.000	1.000
Rücklagen		0	100	300	500
Lfr. Verbindlichkeiten	2.000	1.000	1.000	1.000	1.000
Kfr. Verbindlichkeiten	0	600	600	600	600
Summe Passiva	**3.000**	**2.600**	**2.700**	**2.900**	**3.100**

Ein Best-Case-Szenario wird in der Regel durch frühere und höhere Umsatzrealisationen modelliert. Selbstverständlich muss eine Anpassung zumindest der variablen Kosten vorgenommen werden. Für ein aussagekräftiges Szenario kann nun beispielsweise berücksichtigt werden, dass die Produktionskapazitäten keinen höheren Umsatz als 3.000 ermöglichen. Ansonsten müssten neue Investitionen in das Anlagevermögen getätigt werden.

Best-Case:

GuV	Jahr 01	Jahr 02	Jahr 03	Jahr 04	Jahr 05
Umsatz	0	2.000	2.500	3.000	3.000
./. Kosten	0	- 900	- 1.000	- 1.100	- 1.100
./. Abschreibung	0	- 500	- 500	- 500	- 500
= EBIT	**0**	**+ 600**	**+ 1.000**	**+ 1.400**	**+ 1.400**
./. Zinsen	0	- 200	- 100	- 100	- 100
= Gewinn vor Steuern	**0**	**+400**	**+ 900**	**+ 1.300**	**+ 1.300**
./. Steuern (50%)	0	- 200	- 450	- 650	- 650
= Gewinn	**0**	**+200**	**+ 450**	**+ 650**	**+ 650**
davon einbehalten	0	+100	+ 250	+ 350	+ 250
davon Dividende	0	+100	+ 200	+ 300	+ 400

Bilanz	Jahr 01	Jahr 02	Jahr 03	Jahr 04	Jahr 05
Anlagevermögen	2.500	2.200	2.000	1.000	500
Vorräte	200	300	300	300	300
Forderungen	0	0	100	200	200
Liquide Mittel operativ	300	200	300	500	500
Liquide Mittel nicht-operativ	0	0	250	1.300	2.050
Summe Umlaufvermögen	500	500	950	2.300	3.050
Summe Aktiva	**3.000**	**2.700**	**2.950**	**3.300**	**3.550**

Eingezahltes EK	1.000	1.000	1.000	1.000	1.000
Rücklagen		100	350	700	950
Lfr. Verbindlichkeiten	2.000	1.000	1.000	1.000	1.000
Kfr. Verbindlichkeiten	0	600	600	600	600
Summe Passiva	**3.000**	**2.700**	**2.950**	**3.300**	**3.550**

Der entsprechende **Free Cash Flow to Firm** ergibt sich dann zu:

Free Cash Flow To Firm	Jahr 01	Jahr 02	Jahr 03	Jahr 04	Jahr 05
EBIT	*0*	*+ 600*	*+ 1.000*	*+ 1.400*	*+ 1.400*
+ Abschreibung	*0*	*+ 500*	*+ 500*	*+ 500*	*+ 500*
- Steuern	*0*	*- 200*	*- 450*	*- 650*	*- 650*
+ Operativer Cash Flow	+ 0	+ 900	+ 1.050	+ 1.250	+ 1.250
- Investition AV	- 2.500	- 200	- 300	+ 500	+ 0
- Zunahme WC	- 500	+ 600	- 200	- 300	+ 0
Free Cash Flow	**- 3.000**	**+ 1.300**	**+ 550**	**+ 1.450**	**+ 1.250**

Entsprechend Kapitel 4.4.2 bestimmen wir den Terminal Value über den Going-Concern-Ansatz mit Cash Flow = 1.250, i = 15% und g = 2%:

$$Terminal\ Value = \frac{Cash\ Flow \times (1+g)}{i-g} = \frac{1.250 \times (1+2\%)}{15\% - 2\%} = 9.807{,}69$$

Free Cash Flow To Firm	Jahr 01	Jahr 02	Jahr 03	Jahr 04	Jahr 05
Free Cash Flow	**- 3.000**	**+ 1.300**	**+ 550**	**+ 1.450**	**+ 11.057,69**

Es ergeben sich: *NPV* = 5.821,98 und *IRR* = 61,2%.

Übungsaufgabe 4.14

Ermitteln Sie für den obigen Fall ein Worst-Case-Szenario, das dadurch gekennzeichnet ist, dass der *NPV* nahe an 0 liegt. Passen Sie ggf. auch die Parameter zur Berechnung des Terminal Values an. Wie kann dieses Szenario interpretiert werden?

Worst-Case:

GuV	Jahr 01	Jahr 02	Jahr 03	Jahr 04	Jahr 05
Umsatz					
./. Kosten					
./. Abschreibung					
= EBIT					
./. Zinsen					
= Gewinn vor Steuern					
./. Steuern (50%)					
= Gewinn					
davon einbehalten					
davon Dividende					

Bilanz	Jahr 01	Jahr 02	Jahr 03	Jahr 04	Jahr 05
Anlagevermögen					
Vorräte					
Forderungen					
Liquide Mittel operativ					
Liquide Mittel nicht-operativ					
Summe Umlaufvermögen					
Summe Aktiva					
Eingezahltes EK					
Rücklagen					
Lfr. Verbindlichkeiten					
Kfr. Verbindlichkeiten					
Summe Passiva					

Die entsprechenden Free Cash Flows ergeben sich dann zu:

Free Cash Flow To Firm	Jahr 01	Jahr 02	Jahr 03	Jahr 04	Jahr 05
EBIT					
+ Abschreibung					
- Steuern					
+ Operativer Cash Flow					
- Investition AV					
- Zunahme WC					
Free Cash Flow					

Berechnung Terminal Value mit:

$NPV =$

$IRR =$

4.6.2 Break-even Analyse

Im Rahmen von Break-even Analysen aus der Kostenrechnung werden Kosten zunächst in fixe und variable Kosten aufgeteilt. Fixe Kosten entstehen unabhängig vom generierten Umsatz, variable Kosten dagegen sind an die Produktions- und Absatzmenge gebunden.

Für die Analyse werden die Umsatzerlöse, also Anzahl verkaufte Produkte mal Preis, den damit verbundenen Kosten, also fixe Kosten plus Anzahl verkaufte Produkte mal variable Kosten pro Einheit, gegenübergestellt. Sind beide gleich, so spricht man von der Break-even Absatzmenge. Der so ermittelte Break-even stellt einen statischen Wert dar, der sich auf die operative Profitabilität während einer Periode bezieht. Bei der Cash Flow Bewertung hingegen werden alle Perioden im Modell betrachtet und eine Gesamtprofitabilität ermittelt.

Merke

Break-even Analysen ergänzen die Cash Flow Betrachtungen und plausibilisieren die Ergebnisse.

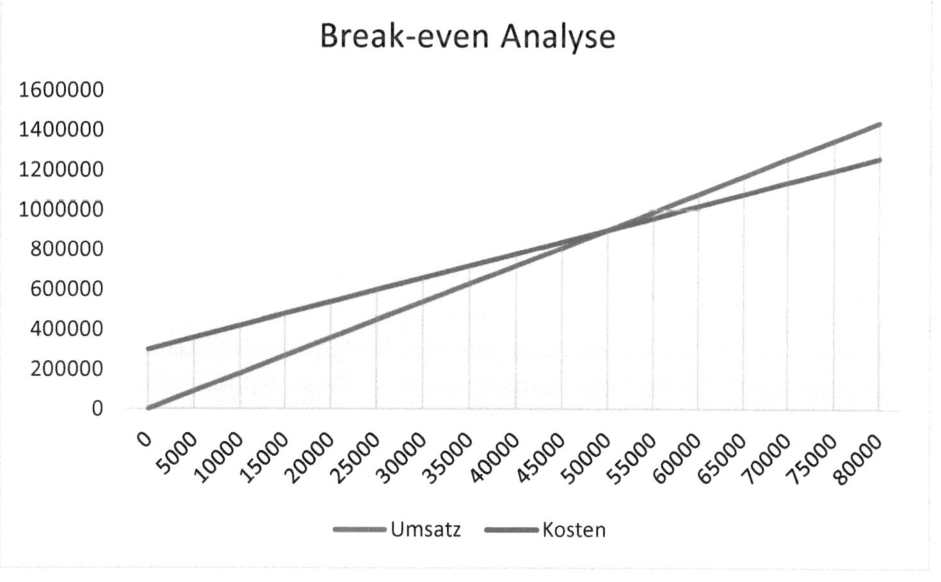

Abb. 4.7: Break-even Analyse mit Anzahl verkaufter Einheiten (x-Achse) und Betrag in € (y-Achse).

Beispiel

Für einen Business Plan ermittelt ein Unternehmen fixe Kosten von 300.000 € pro Jahr. Der Preis pro Einheit beläuft sich auf 18 € und die variablen Kosten wurden mit 12 €/Einheit kalkuliert. Zur Kalkulation des Break-even werden die Umsatzerlöse mit den Kosten gleichgesetzt, es muss also gelten:

$$18\,€ \cdot x = 300.000\,€ + 12\,€ \cdot x, \text{ wobei } x := \text{verkaufte Einheiten}$$

Nach x aufgelöst, ergibt sich:

$$6\,€ \cdot x = 300.000\,€ => x = 50.000.$$

Der Break-even ist somit bei 50.000 verkauften Einheiten erreicht.

4.6.3 Ausfallwahrscheinlichkeiten

Im Rahmen der Investitionsrechnung können die Szenario-Analysen durch die Schätzung der jeweiligen Eintrittswahrscheinlichkeiten verfeinert werden. Bei einfachen Ansätzen wird eine kleine Anzahl spezifischer Szenarien definiert und eine Eintrittswahrscheinlichkeit zugewiesen.

Komplexer geht es mit der Entscheidungsbaumanalyse, bei der die Szenarien schrittweise aus der Entwicklung des Projekts abgeleitet werden. Letztendlich generieren auch Entscheidungsbäume eine begrenzte Anzahl von Szenarien mit entsprechenden Eintrittswahrscheinlichkeiten.

Übungsaufgabe 4.15

Für Ihren Business Plan ergeben sich folgende Szenarien in €:

Free Cash Flow To Firm	Jahr 01	Jahr 02	Jahr 03	Jahr 04	Jahr 05	Jahr 06
Free Cash Flow Best-Case	-7.700	+ 1.400	+ 1.600	+ 2.000	+ 2.300	+ 11.000
Free Cash Flow Base-Case	-7.700	+ 1.200	+ 1.400	+ 1.700	+ 2.000	+ 9.000
Free Cash Flow Worst-Case	-7.700	+ 500	+ 600	+ 800	+ 1.200	+ 8.000

Sie ordnen den 3 Szenarien folgende Wahrscheinlichkeiten zu:

a) 20% / 70% / 10%

b) 10% / 50% / 40%

c) 30% / 40% / 30%

Welche *NPVs* ergeben sich? Wie würden Sie entscheiden, wenn Sie sich am erwarteten *NPV* orientieren?

Ein weiterer Ansatz zur Erstellung von Szenarien sind Monte-Carlo-Simulationen. Hierbei geht man von bestimmten Verteilungen für einen oder mehrere Parameter des Modells aus. Zufallszahlen, die auf der Grundlage dieser Verteilungen generiert werden, erzeugen dann eine große Anzahl von Szenarien, wobei selbstverständlich die Konsistenz der Szenarien sichergestellt werden muss.

Merke

Anspruchsvollere Methoden für eine verfeinerte Bewertung von Investitionsvorhaben sind:

- **Entscheidungsbäume**
- **Monte-Carlo-Simulationen**

Beide Ansätze produzieren eine größere Anzahl von Szenarien, denen Eintrittswahrscheinlichkeiten zugeordnet werden.

Für einen einfachen Business Plan sind diese Methoden meist zu komplex. Auch müssen viele Annahmen getroffen werden, die in einem frühen Stadium der Umsetzung eines Vorhabens oft kaum sinnvoll möglich sind. Grundsätzlich ist ein vertieftes Verständnis der Methodik wünschenswert, was bei inhomogener Zusammensetzung eines Entscheidungsgremiums nicht immer der Fall ist.

Merke

Ein guter Business Plan achtet vor allem auf Verständlichkeit. Komplexe Modelle sollten so dargestellt werden, dass auch Nicht-Fachleute den Nutzen des Modells nachvollziehen können.

Eine komplexe Modellierung sollte dabei keinem Selbstzweck dienen, sondern sich an den Notwendigkeiten, den Erfordernissen und den Erwartungen der Adressaten orientieren.

Mit Hilfe der Szenarien und den zugeordneten Eintrittswahrscheinlichkeiten kann eine Wahrscheinlichkeit für das Scheitern des Projekts bestimmt werden. Die Gesamtbewertung erfolgt somit zweidimensional. Die erste Dimension ist ertragsorientiert, indem entweder der Erwartungswert des Kapitalwerts *NPV* oder der Erwartungswert des *IRR* berechnet wird. Die zweite Dimension sollte risikoorientiert sein. Wir werden uns hier auf Ausfallwahrscheinlichkeiten (Shortfall) als geeignetes Risikomaß konzentrieren. Eine Ausfallwahrscheinlichkeit beschreibt die Wahrscheinlichkeit, ein vordefiniertes Ziel z nicht zu erreichen. In unserem Kontext lässt sich dies leicht als ein Fall mit negativem *NPV* (mit der jeweiligen Benchmark-Rendite gerechnet) oder einem *IRR* unterhalb dieses so ermittelten Diskontierungssatzes beschreiben.

Für eine diskrete Zufallsvariable entspricht die Ausfallwahrscheinlichkeit dem Lower Partial Moment 0:

$$LPM_0(X) = \sum_{j=1}^{n} \delta_j \cdot p_j \text{ mit } \delta_j = \begin{cases} 1 & if \quad X_j < z \\ 0 & \quad\; sonst \end{cases}$$

wobei p_j: Wahrscheinlichkeit des Ereignisses X_j für eine gegebene Verteilung $\boldsymbol{X}$. Man kann z=0 im Falle von Investitionsentscheidungen mit dem *NPV*-Kriterium und z=Kapitalkosten im Falle des *IRR*-Kriteriums wählen.

Ein Risiko-Rendite-Diagramm veranschaulicht die Ergebnisse auf zweidimensionale Weise. Häufig gehen höhere Renditen mit einem höheren Risiko einher, und die Entscheidungsträger müssen über ihre Risikobereitschaft entscheiden. Eine Shortfall-Linie gibt an, welche Ausfallwahrscheinlichkeit (Ausfallrisiko) maximal akzeptiert werden soll. Risiko-Ertrags Profile, die links von der Shortfall-Linie liegen, erfüllen die Restriktion. Profile, die rechts der Shortfall-Linie liegen, müssen abgelehnt werden.

Beispiel

Für einen Business Case ergibt sich ein wahrscheinlichster Cash Flow von (-4.400; 1.000; 2.000; 3.000; 4.000) mit *NPV*(30%) = 318,67€. Im Rahmen der Risikoanalyse werden weitere Szenarien betrachtet, wobei p_t mit t=1,...,4 die jeweiligen Wahrscheinlichkeiten der Szenarien angeben:

- Cash Flow Szenario 1 (-4.400; 1.000; 2.000; 3.000; 4.000) mit p_1 = 60%
- Cash Flow Szenario 2 (-4.400; 1.000; 2.000; 3.000; 2.000) mit p_2 = 20%
- Cash Flow Szenario 3 (-4.400; 1.000; 2.000; 2.000; 4.000) mit p_3 = 10%
- Cash Flow Szenario 4 (-4.400; 1.000; 1.000; 3.000; 4.000) mit p_4 = 10%

Um das Projekt insgesamt zu bewerten, kann man den Erwartungswert des Kapitalwerts *NPV* ermitteln.

$$\begin{aligned}E(NPV) &= p_1 \cdot NPV_1 + p_2 \cdot NPV_2 + p_3 \cdot NPV_3 + p_4 \cdot NPV_4\\ &= 60\% \cdot 318{,}67€ + 20\% \cdot -381{,}58€ + 10\% \cdot -136{,}49€\\ &+ 10\% \cdot -273{,}04€ = 73{,}93€\end{aligned}$$

Da die Szenarien 2, 3 und 4 alle negative *NPVs* besitzen, ergibt sich LPM_0 = 40%.

Alternativ gehen wir von einer möglichen Investition von 200€ im Jahr 0 aus, die im Sinne einer Versicherung die Verluste in den Szenarien 2, 3 und 4 reduziert. Es ergeben sich folgende Szenarien:

- Cash Flow Szenario 1 (-4.600; 1.000; 2.000; 3.000; 4.000) mit p_1 = 60%
- Cash Flow Szenario 2 (-4.600; 1.000; 2.000; 3.000; **3.400**) mit p_2 = 20%
- Cash Flow Szenario 3 (-4.600; 1.000; 2.000; **2.600**; 4.000) mit p_3 = 10%
- Cash Flow Szenario 4 (-4.600; 1.000; **1.800**; 3.000; 4.000) mit p_4 = 10%

mit

$$\begin{aligned}E(NPV) &= p_1 \cdot NPV_1 + p_2 \cdot NPV_2 + p_3 \cdot NPV_3 + p_4 \cdot NPV_4\\ &= 60\% \cdot 118{,}67€ + 20\% \cdot -91{,}40€ + 10\% \cdot -63{,}39€ + 10\% \cdot 0{,}33€\\ &= 46{,}62€\end{aligned}$$

und LPM_0 = 30%.

Beide Alternativen kann man nun mit Hilfe eines Risiko-Ertrags-Diagramms bewerten. Cash Flow 2 hat zwar einen niedrigeren erwarteten *IRR*, zeichnet sich aber durch ein geringeres Ausfallrisiko aus.

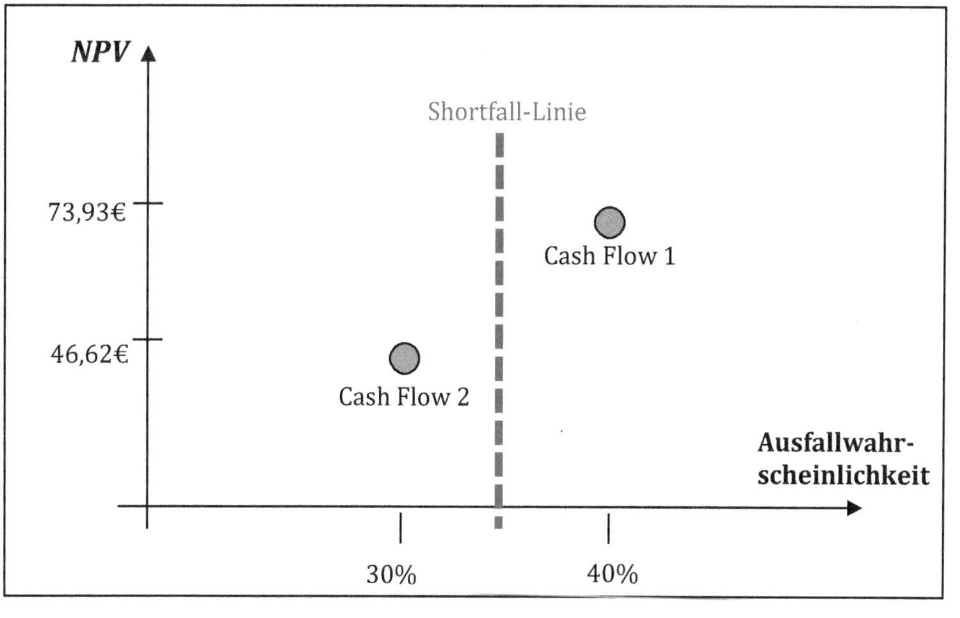

Abb. 4.8: Risiko-Ertrags-Diagramm für die Szenario-Rechnung (eigene Darstellung)

Beispiel

Eine Monte-Carlo-Simulation für das obige Problem könnte wie folgt aussehen: Die Cash Flows in den Jahren 2, 3 und 4 werden für beide Fälle durch Gleichverteilungen modelliert. Abzinsungssatz für alle Szenarien ist wieder i = 30%.

- Cash Flow 1: (-4,400; 1,000; [1,800;2,000]; [2,800;3,000]; [3,200;4,000])
- Cash Flow 2: (-4,600; 1,000; [1,960;2,000]; [2,920;3,000]; [3,760;4,000])

Dies ist wie folgt zu lesen: Cash Flow im Jahr 2 [1.800;2.000] von Cash Flow 1 ist gleichmäßig verteilt im Bereich zwischen 1.800 und 2.000. Dies entspricht einer durchschnittlichen Strafzahlung von 100 €. Dies wiederum entspricht der Szenario-Rechnung, bei der die Strafzahlung mit einer Wahrscheinlichkeit von 10% mit 1.000€ angenommen wurde. Die anderen Bereiche wurden entsprechend derselben Überlegungen entwickelt.

Für 2.000 Szenarien kann man beispielsweise die folgenden Ergebnisse erhalten:

Cash-Flow 1:

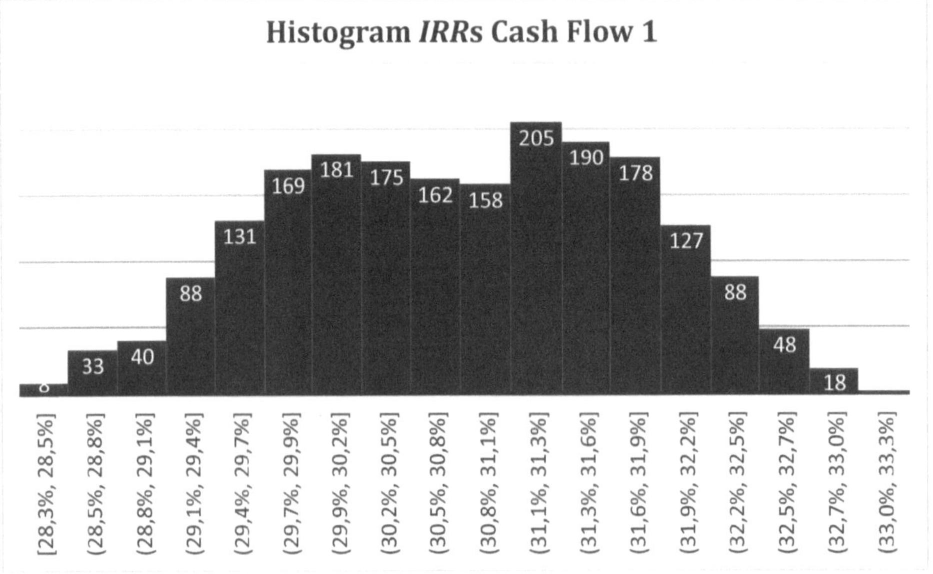

Abb. 4.9: Histogramm *IRR*s für Cash Flow 1 (eigene Darstellung)

mit erwarteten Werten von E(*IRR*) = 30,8% und E(*NPV*) = 72,15€. Diese Werte liegen nahe bei den Werten, die man bei der Szenario-Rechnung erhalten hat. Die Ausfallwahrscheinlichkeit ergibt sich zu $LPM_0(IRR < 30\%) = 25{,}1\%$.

Für den Cash Flow 2:

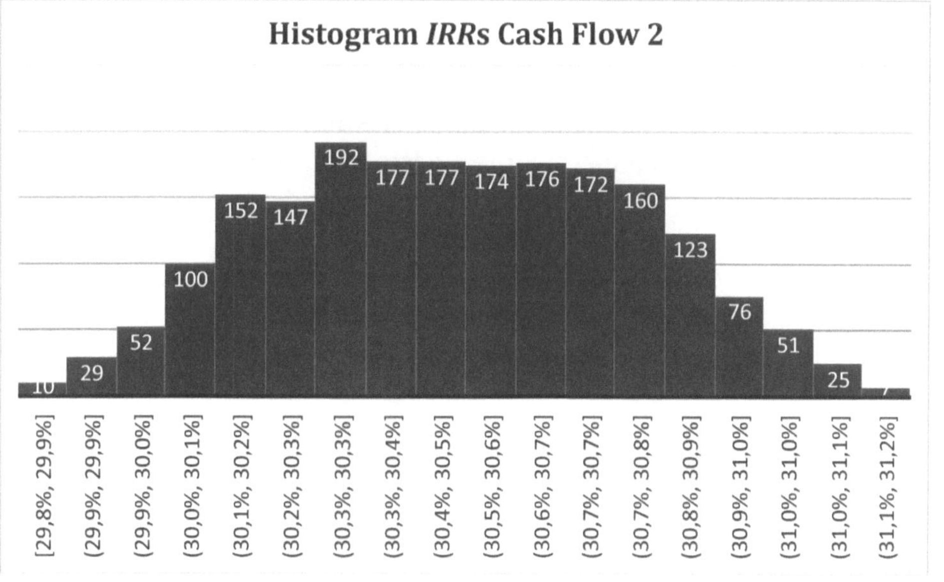

Abb. 4.10: Histogramm *IRRs* für Cash Flow 2 (eigene Darstellung)

mit E(*IRR*): 30,5%, E(*NPV*) = 46,50€ und $LPM_0(IRR < 30\%)$: 3,5%

Für das entsprechende Risiko-Ertrags-Diagramm gilt:

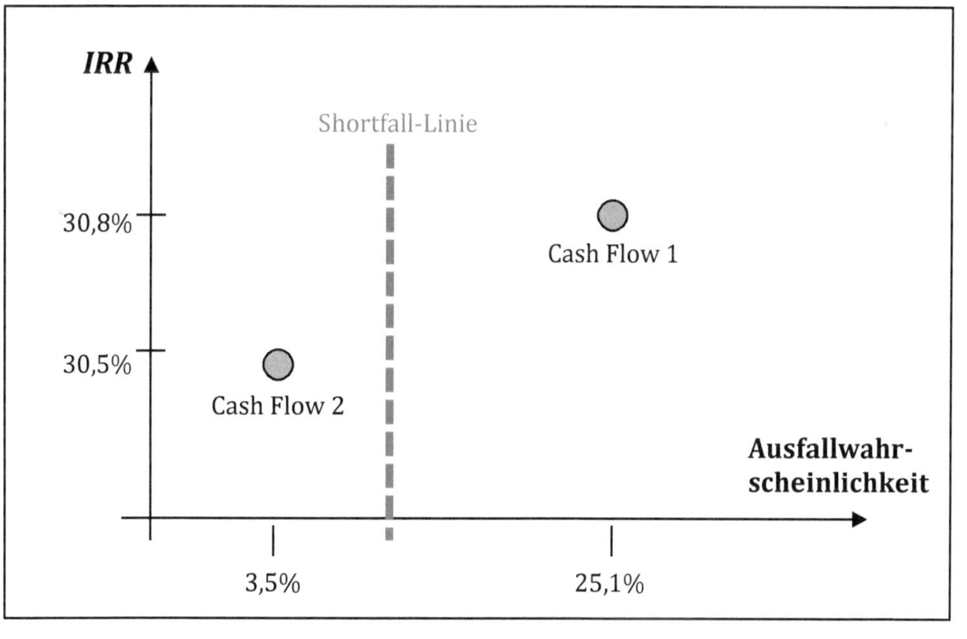

Abb. 4.11: Risiko-Ertrags-Diagramm für Monte-Carlo-Simulation (eigene Darstellung)

Auch hier könnte die Shortfall-Linie auf den Vorteil der zusätzlichen Investition hinweisen. Es sei darauf hingewiesen, dass die großen Unterschiede bezüglich der Ausfallwahrscheinlichkeiten in den beiden Beispielen auf die Modellierung des Risikos zurückzuführen sind.

Anhand der Beispiele wird verdeutlicht, dass der Komplexität keine Grenzen gesetzt sind. Je mehr Parameter modelliert werden, desto mehr besteht aber auch die Gefahr, dass das Modell seine Übersichtlichkeit verliert oder Szenarien entstehen, die im Grunde nicht eintreten können oder schlicht unmöglich sind. Insbesondere Korrelationen zwischen den Modellparametern sind zu beachten. Ein Preisanstieg von Material und Energie kann entweder einen Margenrückgang bedeuten, könnte aber auch durch höhere Endpreise aufgefangen werden.

Merke

Verteilungsannahmen sind darauf zu überprüfen, ob sie real **nicht mögliche Szenarien** zur Folge haben könnten. Normalverteilungen beispielsweise erlauben Werte zwischen $-\infty$ und $+\infty$, so dass eine unbedachte Modellierung negative Umsätze ergeben könnte.

Übungsaufgabe 4.16

Aus einer Analyse mit der Entscheidungsbaum-Technik ergeben sich 14 Szenarien mit den jeweiligen Eintrittswahrscheinlichkeiten. Ermitteln Sie den *NPV* (*i*=15%) für die einzelnen Szenarien und anschließend E(*NPV*) und die Ausfallwahrscheinlichkeit. Welche Schlussfolgerungen können Sie daraus ziehen?

Bemerkung: Die markierten Zahlen stellen ein Szenario (einen Ast des Entscheidungsbaums) dar: (-3.000; 200; 1.500; 1.500).

Der NPV ergibt sich entsprechend zu:

$$NPV(15\%) = -3.000 + \frac{200}{1{,}15} + \frac{1.500}{1{,}15^2} + \frac{1.500}{1{,}15^3} = -705{,}60.$$

Die Eintrittswahrscheinlichkeit dieses Szenarios beträgt:

$$Wk = Wk(0) \cdot Wk(1) \cdot Wk(2) \cdot Wk(3) = 100\% \cdot 20\% \cdot 60\% \cdot 40\% = 4{,}8\%$$

<table>
<tr><th>t</th><th>Jahr 0</th><th>Wk(0)</th><th>Jahr 1</th><th>Wk(1)</th><th>Jahr 2</th><th>Wk(2)</th><th>Jahr 3</th><th>Wk(3)</th><th>NPV</th><th>Wk</th></tr>
<tr><td rowspan="14"></td><td rowspan="14">-3000</td><td rowspan="14">100%</td><td rowspan="8">1000</td><td rowspan="8">80%</td><td rowspan="3">2000</td><td rowspan="3">50%</td><td>3000</td><td>60%</td><td></td><td></td></tr>
<tr><td>2000</td><td>30%</td><td></td><td></td></tr>
<tr><td>1000</td><td>10%</td><td></td><td></td></tr>
<tr><td rowspan="2">1000</td><td rowspan="2">20%</td><td>2000</td><td>50%</td><td></td><td></td></tr>
<tr><td>1000</td><td>50%</td><td></td><td></td></tr>
<tr><td rowspan="3">800</td><td rowspan="3">30%</td><td>2000</td><td>70%</td><td></td><td></td></tr>
<tr><td>1500</td><td>10%</td><td></td><td></td></tr>
<tr><td>1000</td><td>20%</td><td></td><td></td></tr>
<tr><td rowspan="6">200</td><td rowspan="6">20%</td><td rowspan="3">1500</td><td rowspan="3">60%</td><td>3000</td><td>40%</td><td></td><td></td></tr>
<tr><td>1500</td><td>40%</td><td></td><td></td></tr>
<tr><td>1000</td><td>20%</td><td></td><td></td></tr>
<tr><td rowspan="3">400</td><td rowspan="3">40%</td><td>2000</td><td>40%</td><td></td><td></td></tr>
<tr><td>1000</td><td>50%</td><td></td><td></td></tr>
<tr><td>0</td><td>10%</td><td></td><td></td></tr>
</table>

Übungsaufgabe 4.17

Sie modellieren Ihre Umsätze anhand einer Monte-Carlo-Simulation. Folgende Kostenparameter haben Sie in Ihrem Model berücksichtigt: Fabrikgebäude, Maschinen, Personal Verwaltung, Arbeiter (festangestellt), Aushilfen, Material, externe Berater.

Welche von diesen Größen sollten im Modell bei veränderten Umsätzen angepasst werden und wie? Diskutieren Sie mit Ihren Teampartnern!

4.7 Exkurs

Im Folgenden werden Themen vertieft, die das Verständnis der finanziellen Aspekte eines Business Plans erleichtern.

4.7.1 Kennzahlen aus der Bilanz- und GuV-Analyse

Wir wollen hier kurz einen Überblick über die gängigsten Kennzahlen der Bilanz- und GuV-Analyse geben. Es ist wenig sinnvoll, an dieser Stelle allgemein gültige Größenkorridore für Business Case-Modelle vorzugeben. Ein paar grundsätzliche Anmerkungen sind allerdings möglich:

[1] Es sollten nur wenige Kennzahlen als Nebenbedingungen verwendet werden, um unnötige Komplexität zu vermeiden.

[2] Für ausgewählte Kennzahlen sollten, falls möglich, Vergleichszahlen der Konkurrenz ermittelt werden.

[3] Anschließend sollten für das eigene Modell Größenkorridore definiert werden.

[4] Zu große Veränderungen der Kennzahlen sollten entweder vermieden werden oder klar begründbar sein.

[5] Als Ersteller eines Business Plans sollte man die Definition verwendeter Kennzahlen kennen und sie sinnvoll interpretieren können.

[6] Vermeiden Sie einen Datenfriedhof!

Für die Kapitalstruktur eines Unternehmens werden folgende Kennzahlen verwendet:

- Eigenkapitalanteil: $\frac{\text{Eigenkapital}}{\text{Gesamtkapital}}$

- Fremdkapitalanteil: $\frac{\text{Fremdkapital}}{\text{Gesamtkapital}}$

- Verschuldungsgrad: $\frac{\text{Fremdkapital}}{\text{Eigenkapital}}$

Zur Messung der finanziellen Stabilität werden zumeist die Deckungsgrade verwendet. Die Idee ist, dass langfristige Anlagen (Anlagevermögen) auch langfristig finanziert werden sollten, um kurzfristige Refinanzierungen zu vermeiden. Das langfristige Fremdkapital der Definition des Deckungsgrades II sollte hier im Gegensatz zu unserer sonstigen Vorgehensweise eine deutlich längere Laufzeit haben als ein Jahr.

- Deckungsgrad I: $\frac{\text{Eigenkapital}}{\text{Anlagevermögen}}$

- Deckungsgrad II: $\frac{\text{Eigenkapital} + \text{langfr. Fremdkapital}}{\text{Anlagevermögen}}$

Ergänzend zu einer detaillierten Liquiditätsplanung können Liquiditätsgrade für eine grobe Liquiditätsabschätzung verwendet werden. Hierzu wird das Umlaufvermögen (bzw. Teile davon) den kurzfristigen Verbindlichkeiten gegenübergestellt.

$$\text{Liquiditätsgrad I:} \quad \frac{\text{Zahlungsmittel}}{\text{kurzfr. Verbindlichkeiten}}$$

$$\text{Liquiditätsgrad II:} \quad \frac{\text{Zahlungsmittel + kurzfr. Forderungen}}{\text{kurzfr. Verbindlichkeiten}}$$

$$\text{Liquiditätsgrad III:} \quad \frac{\text{Zahlungsmittel + kurzfr. Forderungen + Vorräte}}{\text{kurzfr. Verbindlichkeiten}}$$

Debitoren- und Kreditorenziele beschreiben durchschnittlich gewährte und erhaltene Zahlungsziele. Gemeinsam mit der Lagerdauer können diese Informationen verwendet werden um die Größen Verbindlichkeiten aus Lieferung und Leistung, Forderungen und Vorräte für die Plan-Bilanzen abzuschätzen, wobei meist 360 oder 365 Tage als Basis für die Berechnungen herangezogen werden:

$$\text{Debitorenziel:} \quad \frac{\text{Durchschnittl. Bestand an Forderungen pro Jahr}}{\text{Umsatz pro Tag}}$$

$$\text{Kreditorenziel:} \quad \frac{\text{Durchschnittl. Bestand an Verbindlichkeiten pro Jahr}}{\text{Umsatz pro Tag}}$$

$$\text{Lagerdauer:} \quad \frac{\text{Durchschnittl. Lagerbestand}}{\text{Materialaufwendungen pro Tag}}$$

Beispiel

a) Die Lagerdauer oder besser Verbleibdauer eines Produkts sei mit 36 Tagen geschätzt, die Gesamtmaterialkosten seien 1.000.000 €, so können hieraus 100.000 € für die durchschnittlichen Vorräte abgeleitet werden. Sie stellen gleichsam 10% der Materialkosten dar, ebenso wie 36 Tage 10% eines Jahres entsprechen.

b) Gewährt man als Unternehmen im Durchschnitt ein Zahlungsziel von 10 Tagen, so sind 10/360 = 2,77 % des Umsatzes als Forderungen auszuweisen. Natürlich kann man auch mit 365 Tagen rechnen.

Weitere Kennzahlen der GuV-Analyse dienen der Erfolgsmessung. Bitte beachten Sie, dass es sich hierbei um jährliche (bzw. periodenweise) Erfolgsmessungen handelt, die Kriterien Kapitalwert und interner Zins hingegen bewerten eine durchschnittliche Rendite über einen gesamten Projektionszeitraum.

- Umsatzrentabilität: $\dfrac{\text{Gewinn}}{\text{Umsatz}}$

- Eigenkapitalrendite: $\dfrac{\text{Gewinn}}{\text{Eigenkapital}}$

- Gesamtkapitalrendite (ROI): $\frac{\text{Gewinn + Zinsaufwendungen}}{\text{Gesamtkapital}}$

Merke

Die Kennzahlen Eigenkapitalrendite und Gesamtkapitalrendite beschreiben im Gegensatz zu den Internen Zinssätzen der (Free) Cash Flows jährliche Renditen und beziehen sich auf Erträge und Aufwendungen. Die Internen Zinssätze der Cash Flows hingegen beschreiben durchschnittliche Renditen während des Projektionszeitraums und beziehen sich auf Ein- und Auszahlungen.

Merke

Kennzahlen aus der Bilanz- und GuV-Analyse können das Bild der Finanzanalyse abrunden. Es sollte darauf geachtet werden, dass die Kennzahlen mit einer klaren Botschaft verbunden sind und der Nutzen ersichtlich ist.

4.7.2 Free Cash Flows

Alternativ zu der in Kapitel 4.2.2 gegebenen Definition des Free Cash Flows kann dieser auch ohne den Steuervorteil der Fremdfinanzierung angegeben werden. Dieser Ansatz findet sich vor allem im Bereich von Unternehmensbewertungen wieder und hat den Vorteil, dass zunächst eine Bewertung unabhängig von der Finanzierungsform stattfindet.

Die Definition lautet dann wie folgt (mit T = relevanter Steuersatz des Unternehmens):

Free Cash Flow to Firm **(2)** = Operativer Cash Flow
– Investition Anlagevermögen
– Zunahme Working Capital

mit:

Operativer Cash Flow = EBIT – Steuern auf EBIT + Rückstellungen + Abschreibungen
= (1-T) * EBIT + Rückstellungen + Abschreibungen

Investition in Anlagevermögen = Endbestand AV – Anfangsbestand AV + Abschreibung

Zunahme Working Capital = Endbestand WC – Anfangsbestand WC
(mit Working Capital gemäß **Definition 2**)

Beim **Free Cash Flow to Equity** muss dann berücksichtigt werden, dass nur die Zinsen nach Steuern vom Free Cash Flow to Firm abgezogen werden dürfen:

Free Cash Flow to Equity **(2)** = **Free Cash Flow** to Firm **(2)**
+ Zunahme lfr. FK
– Zinszahlungen * (1-T)

Beispiel

Wir greifen auch hier das Beispiel aus Kapitel 4.1.1 auf und berechnen die Free Cash Flows gemäß obiger Definition. Für den Terminal Value wählen wir wie in Kapitel 4.4.1 den Buchwert-Ansatz. Eine Änderung ergibt sich nur bei der Steuer-berücksichtigung:

Free Cash Flow To Firm (2)	Jahr 0	Jahr 1	Jahr 2	Jahr 3	Jahr 4
EBIT	*0*	*+200*	*+ 400*	*+ 900*	*+ 1.300*
– *Steuern* auf EBIT	*0*	*- 100*	*- 200*	*- 450*	*- 650*
+ Abschreibung	*0*	*+ 500*	*+ 500*	*+ 500*	*+ 500*
+ Operativer Cash Flow	+ 0	+ 600	+ 700	+ 950	+ 1.150
– Investition AV	- 2.500	- 200	- 300	+ 500	+ 500
– Zunahme WC	- 500	+ 700	- 300	- 0	+ 100
Free Cash Flow	**- 3.000**	**+ 1.100**	**+ 100**	**+ 1.450**	**+ 1.750**

Free Cash Flow To Equity	Jahr 0	Jahr 1	Jahr 2	Jahr 3	Jahr 4
Free Cash Flow To Firm	- 3.000	+ 1.100	+ 100	+ 1.450	+ 1.750
+ FK-Zunahme	+ 2.000	- 1.000	+ 0	+ 0	- 1.000
– Zinszahlungen * (1 – T)		- 100	- 50	- 50	- 50
Free Cash Flow	**- 1.000**	**+ 0**	**+ 50**	**+ 1.400**	**+ 700**

Der Free Cash Flow to Firm (2) reduziert sich demnach (im Vergleich zum Ansatz in Kapitel 4.4.1) immer genau um den Steuervorteil der Zinszahlungen; also um 100 in Jahr 02 und jeweils um 50 in den Folgejahren.

Während der Cash Flow to Equity (2) somit unverändert bleibt und damit mit denselben Eigenkapitalkosten von 25% zu bewerten ist, sollte bei der Bewertung des Free Cash Flows to Firm (2) nun eine angepasste Benchmark-Rendite verwendet werden. Hierzu wird bei der Bestimmung des WACC der Steuervorteil für das Fremdkapital mit eingerechnet:

$$\text{WACC} = \frac{1}{3} \times 25\% + \frac{2}{3} \times 10\% \times (1 - T) = 11{,}67\%$$

Das Ergebnis verbessert sich deutlich: NPV = 232,12 (im Vergleich zu 172,33 bei Verwendung des Free Cash Flow to Firm (1) und einem WACC von 15%), was unter anderem daran liegt, dass bei dieser vereinfachten Vorgehensweise nicht berücksichtigt wurde, dass in Jahr 02 das Fremdkapital deutlich reduziert wird und sich damit das Verhältnis von Eigen- zu Fremdkapital deutlich verändert. Der interne Zinssatz geht allerdings zurück von 17,48% auf 14,8%. Dies mag auf den ersten Blick verwundern, es ist allerdings in diesem Fall angebracht beim IRR nicht die Absolutwerte zu vergleichen, sondern deren Abstand (Marge) zur gesetzten Benchmark. In unserem Fall wären dies: 17,48% - 15,0% = **2,48%** und 14,80% - 11,67% = **3,13%**.

Merke

Werden bei der Definition des **Free Cash Flows to Firm** die Steuern auf das EBIT berechnet, werden kalkulatorisch höhere Steuern berücksichtigt. Dies führt zu geringeren Cash Flows. Für die unternehmensindividuelle Bewertung sollte der Steuervorteil dann allerdings wieder berücksichtigt werden, indem man bei der Berechnung des WACC den Steuervorteil (Tax Shield) einkalkuliert.

Bemerkung: Der Case der XY AG in Kapitel 4.8.2 entspricht diesem Ansatz, weil die Zinsaufwendungen hier grundsätzlich nicht bekannt sind und deshalb auch nicht in die Steuerberechnung eingehen konnten. Gemäß der hier gemachten Erläuterungen sollte der WACC für die XY AG demnach den Tax Shield einkalkuliert haben.

Beispiel

Die Tatsache, dass wir für ein und dasselbe Beispiel (aus Kapitel 4.1.1) je nach Ansatz immer wieder unterschiedliche Bewertungen bzw. Ergebnisse erhalten haben, mag insgesamt als eher unbefriedigend erscheinen. Umso wichtiger ist ein gutes Verständnis der vorgestellten Bewertungsansätze und eine Haltung, die sich nicht starr an mathematischen Ergebnissen orientiert. Wir wollen zum besseren Verständnis nun noch einen sehr einfach gehaltenen Fall darstellen, um die Zusammenhänge klarer aufzuzeigen.

Für einen Business Case wurden folgende Plan-Bilanzen und Plan-GuVs erstellt:

Bilanz	Jahr 0	Jahr 1	Jahr 2	Jahr 3	Jahr 4
Anlagevermögen	**1.000**	**1.000**	**1.000**	**1.000**	**1.000**
Maschinen und Gebäude	1.000	1.000	1.000	1.000	1.000
Umlaufvermögen	**1.000**	**1.000**	**1.000**	**1.000**	**1.000**
Vorräte	400	400	400	400	400
LM operativ	600	600	600	600	600
Summe Aktiva	**2.000**	**2.000**	**2.000**	**2.000**	**2.000**

Eigenkapital	**1.000**	**1.000**	**1.000**	**1.000**	**1.000**
eingezahltes EK	1.000	1.000	1.000	1.000	1.000
Rücklagen		0	0	0	0
Fremdkapital	**1.000**	**1.000**	**1.000**	**1.000**	**1.000**
lfr. FK	1.000	1.000	1.000	1.000	1.000
kfr. FK	0	0	0	0	0
Summe Passiva	**2.000**	**2.000**	**2.000**	**2.000**	**2.000**

GuV	Jahr 0	Jahr 1	Jahr 2	Jahr 3	Jahr 4
Umsatz	0	4.600	4.600	4.600	4.600
– Kosten	0	- 4.000	- 4.000	- 4.000	- 4.000
– Abschreibung	0	- 100	- 100	- 100	- 100
= EBIT	**0**	**+ 500**	**+ 500**	**+ 500**	**+ 500**
– Zinsen	0	- 100	- 100	- 100	- 100
= Gewinn v. St.	**0**	**+ 400**	**+ 400**	**+ 400**	**+ 400**
– Steuern (25%)	0	- 100	- 100	- 100	- 100
= Gewinn	**0**	**+ 300**	**+ 300**	**+ 300**	**+ 300**
davon Dividende	0	300	300	300	300

a) Wir berechnen zunächst die Free Cash Flows to Firm und to Equity gemäß der beiden Ansätze.

Ansatz ohne Tax Shield:

Free Cash Flow To Firm (1)	Jahr 0	Jahr 1	Jahr 2	Jahr 3	Jahr 4
EBIT	*0*	*+ 500*	*+ 500*	*+ 500*	*+ 500*
+ Abschreibung	*0*	*+ 100*	*+ 100*	*+ 100*	*+ 100*
– Steuern	*0*	*- 100*	*- 100*	*- 100*	*- 100*
+ Operativer Cash Flow	+ 0	+ 500	+ 500	+ 500	+ 500
– Investition AV	- 1.000	- 100	- 100	- 100	- 100
– Zunahme WC	- 1.000	- 0	- 0	- 0	- 0
Free Cash Flow	**- 2.000**	**+ 400**	**+ 400**	**+ 400**	**+ 400**

Free Cash Flow To Equity (1)	Jahr 0	Jahr 1	Jahr 2	Jahr 3	Jahr 4
Free Cash Flow To Firm	- 2.000	+ 400	+ 400	+ 400	+ 400

+ FK-Zunahme	+ 1.000	+ 0	+ 0	+ 0	+ 0
– Zinszahlungen		- 100	- 100	- 100	- 100
Free Cash Flow	**- 1.000**	**+ 300**	**+ 300**	**+ 300**	**+ 300**

Ansatz mit Tax Shield:

FreeCash Flow To Firm (2)	Jahr 0	Jahr 1	Jahr 2	Jahr 3	Jahr 4
EBIT	*0*	*500*	*500*	*500*	*+500*
– Steuern auf EBIT	*0*	*- 125*	*- 125*	*- 125*	*- 125*
+ Abschreibung	*0*	*+ 100*	*+ 100*	*+ 100*	*+ 100*
+ Operativer Cash Flow	+ 0	+ 475	+ 475	+ 475	+ 475
– Investition AV	- 1.000	- 100	- 100	- 100	- 100
– Zunahme WC	- 1.000	- 0	- 0	- 0	- 0
Free Cash Flow	**- 2.000**	**+ 375**	**+ 375**	**+ 375**	**+ 375**

Free Cash Flow To Equity (2)	Jahr 0	Jahr 1	Jahr 2	Jahr 3	Jahr 4
Free Cash Flow To Firm	- 2.000	+ 375	+ 375	+ 375	+ 375
+ FK-Zunahme	+ 1.000	+ 0	+ 0	+ 0	+ 0
– Zinszahlungen * (1 – T)		- 75	- 75	- 75	- 75
Free Cash Flow	**- 1.000**	**+ 300**	**+ 300**	**+ 300**	**+ 300**

b) Für die Berechnung des WACC gehen wir von Eigenkapitalkosten von 30% und Fremdkapitalkosten von 10% (entspricht den Zinsen auf das Fremdkapital) aus. Es ergibt sich:

i) ohne Tax Shield: $WACC = \frac{1}{2} \times 30\% + \frac{1}{2} \times 10\% = 20{,}00\%$

ii) mit Tax Shield: $WACC = \frac{1}{2} \times 30\% + \frac{1}{2} \times 10\% \times (1 - 25\%) = 18{,}75\%$

c) Der nächste Schritt ist die Bestimmung des Terminal Values. Hier haben wir zwei Ansätze kennengelernt, den Buchwert-Ansatz und den Going-Concern-Ansatz. Wir wollen beide Ansätze jeweils für beide Cash Flow Varianten betrachten. Da in unserem Beispiel offensichtlich ein Wachstum von 0% vorliegt, sollten beide Ansätze zum gleichen Terminal Value führen.

i) für den Free Cash Flow to Firm (1)

- Terminal Value mit Buchwert-Ansatz:
  Sowohl das Anlagevermögen als auch das Working Capital betragen jeweils 1000. Der Gesamtwert beträgt demnach: *TV* = 2000.
- Terminal Value mit Going-Concern-Ansatz:

$$Terminal\ Value = \frac{Cash\ Flow \times (1+g)}{i-g} = \frac{400 \times (1+0\%)}{20\% - 0\%} = 2.000$$

ii) für den Free Cash Flow to Firm (2)

- Terminal Value mit Buchwert-Ansatz:
  Analog zu oben beträgt dieser wieder 2.000.
- Terminal Value mit Going-Concern-Ansatz:

$$Terminal\ Value = \frac{Cash\ Flow \times (1+g)}{i-g} = \frac{375 \times (1+0\%)}{18{,}75\% - 0\%} = 2.000$$

d) Für die beiden Cash Flow Ansätze ergeben sich somit folgende Cash Flows (inklusive Terminal Value) und Kapitalwerte und interne Zinssätze:

i) (-2.000; 400; 400; 400; 400; 2.400); *NPV* (20%) = 0; *IRR* = 20%.

ii) (-2.000; 375; 375; 375; 375; 2.375); *NPV* (18,75%) = 0; *IRR* = 18,75%.

Übungsaufgabe 4.18

Verwenden Sie das vorherige Beispiel und verändern Sie einzelne Parameter. Beispielsweise: Umsatz- und Kostenwachstum, Tilgung Fremdkapital, Investition Anlagevermögen etc.

Wie verändern sich Kapitalwert und Interner Zins?

4.7.3 Verlustvortrag

Gerade bei Start-ups und Neugründungen von Tochterunternehmen können in den ersten Jahren Verluste auftreten. Diese können in der Regel mit Gewinnen in der Zukunft verrechnet werden und mindern die Steuerlast in den Folgejahren. Letztendlich bedeutet ein solcher Verlustvortrag lediglich, dass sich der zu versteuernde Gewinn verändert. Das nachfolgende Beispiel soll das Prinzip verdeutlichen, im Detail kann es zu Abweichungen je nach Steuergesetzgebung kommen.

Beispiel

Ein Start-up plant für die nächsten 4 Jahre die folgende Geschäftsentwicklung:

Bilanz	Jahr 0	Jahr 1	Jahr 2	Jahr 3
Anlagevermögen	**14.000**	**13.000**	**12.000**	**11.000**
Maschinen und Gebäude	14.000	13.000	12.000	11.000
Umlaufvermögen	**4.000**	**4.200**	**6.300**	**8.700**
Vorräte	2.000	2.000	2.500	3.000
liquide Mittel operative	2.000	2.200	3.800	5.700
Summe Aktiva	**18.000**	**17.200**	**18.300**	**19.700**
Eigenkapital	**10.000**	**9.200**	**10.300**	**11.700**
eingezahltes EK	10.000	10.000	10.000	10.000
Rücklagen		- 800	+ 300	+ 1.700
Fremdkapital	**8.000**	**8.000**	**8.000**	**8.000**
lfr. FK	8.000	8.000	8.000	8.000
kfr. FK	0	0	0	0
Summe Passiva	**18.000**	**17.200**	**18.300**	**19.700**

GuV	Jahr 0	Jahr 1	Jahr 2	Jahr 3
Umsatz	0	12.000	15.000	18.000
– **Kosten**	0	- 11.000	- 12.000	- 13.000
– **Abschreibung**	0	- 1.000	- 1.000	- 1.000
= EBIT	**0**	**+ 0**	**+ 2.000**	**+ 4.000**
– **Zinsen**	0	- 800	- 800	- 800
= Gewinn vor Steuern	0	- 800	+ 1.200	+ 3.200
= Gewinn nach Verlustvortrag	0	**- 800**	**+ 400**	**+ 3.200**
– Steuern (25%)		- 0	- 100	- 800
= Gewinn nach Steuern	**0**	**- 800**	**+ 1.100**	**+ 2.400**
davon Dividende	0	0	0	+ 1.000

Man beachte, dass sich der Gewinn nach Steuern im Jahr 2 aus dem Gewinn vor Steuern minus der berechneten Steuer ergibt.

Die Plan-Kapitalflussrechnung ergibt sich nun wie folgt:

Kapitalflussrechnung	Jahr 0	Jahr 1	Jahr 2	Jahr 3
GuV-Gewinn	0	- 800	+ 1.100	+ 2.400
+ Abschreibungen	0	+ 1.000	+ 1.000	+ 1.000
– Zunahme UV ohne LM	- 2.000	- 0	- 500	- 500

(1) CF aus lfd. Geschäfts-tätigkeit	**- 2.000**	**+ 200**	**+ 1.600**	**+ 2.900**
(2) CF aus Investitions-tätigkeit	**- 14.000**	**- 0**	**- 0**	**- 0**
Zunahme EK	+ 10.000	+ 0	+ 0	+ 0
– Dividenden	- 0	- 0	- 0	- 1.000
+ Zunahme lfr. FK	+ 8.000	+ 0	+ 0	+ 0
(3) CF aus Finanzierungs-tätigkeit	**+ 18.000**	**- 0**	**- 0**	**- 1.000**
Gesamt Cash Flow Summe (1) + (2) + (3)	**+ 2.000**	**+ 200**	**+ 1.600**	**+ 1.900**

Schließlich berechnen wir noch die Free Cash Flows to Firm und to Equity, die in diesem Fall den Cash Flows von Aktiva und nach Eigenkapital entsprechen.

Free Cash Flow To Firm (1)	Jahr 0	Jahr 1	Jahr 2	Jahr 3
EBIT	*0*	*+ 0*	*+ 2.000*	*+ 4.000*
+ Abschreibung	*0*	*+ 1.000*	*+ 1.000*	*+ 1.000*
– Steuern	*0*	*- 0*	*- 100*	*- 800*
+ operativer Cash Flow	+ 0	+ 1.000	+ 2.900	+ 4.200
– Investition AV	- 14.000	- 0	- 0	- 0
– Zunahme WC	- 4.000	- 200	- 2.100	- 2.400
Free Cash Flow	**- 18.000**	**+ 800**	**+ 800**	**+ 1.800**

Free Cash Flow To Equity (1)	Jahr 0	Jahr 1	Jahr 2	Jahr 3
Free Cash Flow To Firm	- 18.000	+ 800	+ 800	+ 1.800
+ FK-Zunahme	+ 8.000	+ 0	+ 0	+ 0
– Zinszahlungen		- 800	- 800	- 800
Free Cash Flow	**- 10.000**	**+ 0**	**+ 0**	**+ 1.000**

4.8 Business Cases

Wir betrachten im Folgenden zwei Fälle. Im ersten Fall beruht die Untersuchung auf der Neugründung eines Unternehmens und die gesamte Entwicklung sowohl in Bezug auf die Verwendung der eingebrachten Mittel (Aktiva einer Bilanz) als auch deren Herkunft werden modelliert. Im zweiten Fall hingegen modellieren wir ein Projekt innerhalb eines Unternehmens, ohne explizit auf die Mittelherkunft einzugehen. Während die erste Betrachtungsweise eher der eines Entrepreneurs entspricht, ist die zweite Sichtweise typisch für die Aufgabenstellung eines Projekt- oder Produktmanagers.

Der bisherige Ansatz ist für Projektmanager häufig nicht umsetzbar, da die Modellierung der Finanzierungsformen außerhalb des Kompetenzbereichs liegt. Insbesondere die Zinszahlungen und die Gewinnausschüttungspolitik sind hier nicht darstellbar. Ist dies der Fall bietet sich eine Modellierung an, bei der nur operativ notwendiges Umlaufvermögen berücksichtigt wird und somit implizit die zweite Definition des Working Capitals vorliegt, was selbstverständlich auch eine Liquiditätsreserve beinhalten sollte. Vergleicht man dann die beiden nachfolgenden Business Cases, erkennt man, dass im ersten Fall unter den gegebenen Rahmenbedingungen sehr viel Liquidität angehäuft wird, die vermutlich nicht benötigt wird. Eine profitablere Verwendung sollte in diesem Fall angestrebt werden.

Merke

Die **Modellierung von Plan-Bilanzen und Plan-GuVs** kann in manchen Fällen nicht vollständig durchgeführt werden. In solchen Fällen muss die **Vorgehensweise** angepasst werden.

4.8.1 JV GmbH

Im Zuge der Entwicklung zur E-Mobilität haben sich die Unternehmen CAR AG, ein internationaler Automobilkonzern und Batterie GmbH zu einer Kooperation entschlossen, um stark verbesserte Batterien herzustellen. Ziel ist es, gemeinsam auf dem Gebiet der E-Mobilität führend im internationalen Vergleich zu werden. CAR AG plant hierzu innerhalb der nächsten 5 Jahre 50% der produzierten Autos mit diesen neuartigen, leistungsstarken Batterien auszustatten. Dazu haben sich beide Unternehmen zu einem Joint Venture entschlossen. Die gemeinsame Firma JV GmbH soll innerhalb der nächsten 5 Jahre auf einen Umsatz von knapp 810 Millionen Euro kommen, wobei von einem Absatzvolumen von ungefähr 810.000 Stück ausgegangen wird, der Preis pro Batterie wird mit 1.000€ angesetzt.

Nach Gründung des Joint Ventures, an dem beide Unternehmen zu jeweils 50% beteiligt sind, sollen bereits im ersten Jahr Batterien hergestellt und an die CAR AG vertrieben werden. Allerdings wird nur von einem Absatz von 160.000 Stück ausgegangen. Beide Unternehmen gehen demnach davon aus, dass die JV GmbH jedes Jahr eine Umsatzsteigerung von 50% erzielen kann.

Das Management beider Firmen möchte sicherstellen, dass sowohl das Joint Venture als auch die Investition der beiden Partner profitabel ist.

Für die Profitabilitätsberechnung, d.h. bei der Berechnung des Kapitalwertes, geben beide Partner einen Abzinsungsfaktor von 30% für das eingesetzte Eigenkapital vor. Fremdkapital kann zu einem Zinssatz von 10% aufgenommen werden.

Die weitere Analyse ergibt schließlich folgendes Bild:

Es sind Investitionen in das Anlagevermögen von 150.000 Tausend Euro (T€) notwendig, wobei diese linear über 5 Jahre abgeschrieben werden können.

Für das Umlaufvermögen machen die beiden Partner folgende Schätzungen:

- Forderungen belaufen sich auf durchschnittlich 10% des Umsatzes, wobei diese erst ab dem ersten Jahr modelliert werden.
- Vorräte werden mit 25% der Produktionskosten für Material und Arbeit angenommen, da mit einer durchschnittlichen Verweildauer von 3 Monaten gerechnet wird, weil die CAR AG jederzeit über ausreichende Mengen verfügen möchte.

Die beiden Partner rechnen damit, dass die Zulieferer der JV GmbH im Schnitt ein Zahlungsziel von 36 Tagen gewähren, so dass die Verbindlichkeiten gegenüber Lieferanten mit 10% der Materialkosten modelliert werden.

Die Produktionskosten belaufen sich auf 40% des Umsatzes, wobei davon jeweils 50% auf Material- und Personalkosten entfallen. Da ein Schwerpunk auf der Weiterentwicklung der Batterietechnik liegt, muss hier stark investiert werden. Die Kosten für Forschung und Entwicklung sowie Verwaltungskosten ergeben sich unter dieser Annahme zu 100.000 T€ und bleiben über die nächsten 5 Jahre konstant. Marketingkosten unterliegen einem jährlichen Wachstum von 10% p.a. und starten mit einem Budget von 20.000 T€ im ersten Jahr.

Die Finanzierung des Unternehmens erfolgt zu jeweils 50% (d.h. 120.000 T€) aus Fremd- und Eigenkapital. Der erwirtschaftete Gewinn soll nicht ausgeschüttet werden.

Zusammengefasst ergibt sich nun folgendes Bild für die zukünftigen Bilanzen und Gewinn- und Verlustrechnungen:

Plan-Bilanz

in Tausend Euro

	Jahr 0	Jahr 1	Jahr 2	Jahr 3	Jahr 4	Jahr 5
Aktiva						
Umlaufvermögen						
Liquide Mittel	77.200	18.800	11.200	64.600	180.585	0
davon operative Liquide Mittel	10.000	10.000	10.000	10.000	10.000	0
Forderungen		16.000	24.000	36.000	54.000	0
Vorräte	16.000	24.000	36.000	54.000	81.000	0
Summe	93.200	58.800	71.200	154.600	315.585	0
Anlagevermögen						
Gebäude und Maschinen	150.000	120.000	90.000	60.000	30.000	0
Summe	150.000	120.000	90.000	60.000	30.000	0
Summe Aktiva	**243.200**	**178.800**	**161.200**	**214.600**	**345.585**	**0**
Passiva						
Kurzfristiges Fremdkapital						
Verbindlichkeiten gegenüber Lieferanten	3.200	4.800	7.200	10.800	16.200	0
Kurzfristige Bankdarlehen	0	0	0	0	0	0
Summe	3.200	4.800	7.200	10.800	16.200	0
Langfristiges Fremdkapital						
Langfristiges Fremdkapital	120.000	120.000	120.000	120.000	120.000	0
Summe	120.000	120.000	120.000	120.000	120.000	0
Eigenkapital						
Grundkapital	120.000	120.000	120.000	120.000	120.000	0
Gewinnrücklagen		-66.000	-86.000	-36.200	89.385	0
Summe	120.000	54.000	34.000	83.800	209.385	0
Summe Passiva	**243.200**	**178.800**	**161.200**	**214.600**	**345.585**	**0**

Plan-GuV

in Tausend Euro

	Jahr 0	Jahr 1	Jahr 2	Jahr 3	Jahr 4	Jahr 5
Umsatz		160.000	240.000	360.000	540.000	810.000
Herstellkosten für Material		32.000	48.000	72.000	108.000	162.000
Herstellkosten für Personal		32.000	48.000	72.000	108.000	162.000
Marketingkosten		20.000	22.000	24.200	26.620	29.282
F&E-Kosten, Verwaltungskosten		100.000	100.000	100.000	100.000	100.000

Abschreibungen	30.000	30.000	30.000	30.000	30.000
EBIT	**-54.000**	**-8.000**	**61.800**	**167.380**	**326.718**
gezahlte Zinsen	12.000	12.000	12.000	12.000	12.000
Gewinn vor Steuern (EBT)	**-66.000**	**-20.000**	**49.800**	**155.380**	**314.718**
Verlustvortrag		**-66.000**	**-86.000**	**-36.200**	**0**
zu versteuerndes Einkommen		**0**	**0**	**119.180**	**314.718**
Steuern	0	0	0	29.795	78.680
Gewinn/Verlust	**-66.000**	**-20.000**	**49.800**	**125.585**	**236.039**
Dividenden	0	0	0	0	0
Gewinnrücklagen	-66.000	-20.000	49.800	125.585	236.039

Erläuterung der einzelnen Größen im Excel-Sheet:

Die markierten Zellen sind zunächst die Größen, die das Modell bilden.

Wir starten mit der GuV und dort, wie anfangs beschrieben, mit den projizierten Umsätzen:

- **Umsatz**: Im ersten Jahr ergeben sich die Umsätze aus 160.000 verkauften Einheiten multipliziert mit dem Durchschnittspreis von 1.000 €. In den Folgejahren wächst der Umsatz um jeweils 50%.
- **Materialkosten**: Die Materialkosten ergeben sich zu 50% der Produktionskosten, die wiederum 40% des Umsatzes ausmachen, damit entsprechen die Materialkosten 20% des jeweiligen Jahresumsatzes.
- **Personalkosten**: Die Personalkosten ergeben sich analog.
- **Marketingkosten**: Die Marketingkosten betragen für das erste Jahr 20.000.000 € und wachsen dann pro Jahr um 10%.
- **Sonstige Kosten**: Die übrigen Kosten, insbesondere für Forschung und Entwicklung, belaufen sich auf 100.000.000 € und bleiben konstant.
- **Abschreibungen**: Aus Transparenzgründen weisen wir Abschreibungen separat aus. Die Abschreibungen ergeben sich aus dem Anlagevermögen von 150.000.000 €, welche über 5 Jahre linear abgeschrieben werden.
- **Gezahlte Zinsen**: Die zu zahlenden Zinsen ergeben sich aus der Aufnahme von Fremdkapital (mit Ausnahme der Verbindlichkeiten gegenüber Lieferanten) multipliziert mit dem entsprechenden Kreditzins. Es liegen nur langfristige Kredite vor, der Zinssatz beträgt 10%.
- **Steuern**: Der Steuersatz wird mit 25% des zu versteuernden Gewinns angenommen. Gegebenenfalls kann die Steuerlast selbstverständlich auch über eine separate steuerrechtliche Rechnungslegung ermittelt werden. Der Verlustvortrag wird berücksichtigt.

- **Dividenden und Gewinnrücklagen**: Der ermittelte Gewinn der GuV wird entweder in Form von Dividenden (der Begriff ‚Dividenden' steht hier als Synonym für jegliche Form der Gewinnausschüttung) ausgeschüttet oder einbehalten (Gewinnthesaurierung). Die Summe aus Dividenden und Gewinnthesaurierung ist demnach gleich dem Gewinn. Im vorliegenden Business Case wird kein Gewinn ausgeschüttet.

Die Umsätze bilden nun auch den Ausgangspunkt für die wesentlichen Bilanzgrößen:

- **Liquide Mittel**: Tatsächlich wäre der Liquiditätsbedarf aufgrund von Liquiditätskennzahlen zu ermitteln und sollte gerade im ersten Jahr anhand der Liquiditätsrechnung überprüft werden. Die liquiden Mittel sind allerdings hier zunächst als „freie" Variable modelliert, d.h. sie dienen dem Ausgleich der Bilanzgleichung, entsprechend ergibt sich der Bilanzwert der liquiden Mittel zu ‚Summe Passiva - Übrige Aktivaposten' (243.200.000 € - 150.000.000 € - 16.000.000 € = 77.200.000 € in Jahr 0). Diese Vorgehensweise ist selbstverständlich sehr vereinfachend. Wir gehen dann davon aus, dass 10.000.000 € dieser liquiden Mittel als operativ notwendig anzusehen sind.
- **Forderungen**: Forderungen ergeben sich erst nach Verkauf der Produkte, deshalb bietet es sich an, die Forderungen erst ab dem Jahr 1 zu modellieren, analog der berücksichtigten Umsätze. Aus den obigen Angaben ergeben sich für das Jahr 1 Forderungen von 10% × 160.000.000 € = 16.000.000 €.
- **Vorräte**: Die Vorräte werden anhand der Produktionskosten (40% der Umsätze) modelliert und betragen davon 25% [25% × (32.000.000 € + 32.000.000 €) = 16.000.000 €], wobei die Vorräte immer bereits für das Vorjahr modelliert werden.
- **Gebäude und Maschinen**: Die (Bilanz-)Werte ergeben sich aus der Anfangsinvestition von 150.000.000 € zu Beginn der Projektion (hier Jahr 0) reduziert um die jeweiligen Abschreibungen (Jahr 1: 150.000.000 € - 30.000.000 € = 120.000.000 €)

Die Summe der Aktiva bestimmt nun die Passiva. Die wesentliche Frage wäre hierbei, inwieweit Eigenkapital oder Fremdkapital verwendet werden kann. Es sei hier von einer EK-Quote von 50% ausgegangen.

- **Verbindlichkeiten gegenüber Lieferanten**: Die Bilanzgröße ergibt sich aufgrund des gegebenen Zahlungsziels von 36 Tagen und entspricht somit 10% der Materialkosten (10% × 32.000.000 € = 3.200.000 €).
- **Kurzfristige Bankdarlehen**: Diese werden hier nicht modelliert.
- **Langfristiges Fremdkapital**: Das langfristige Fremdkapital beträgt 120.000.000 € und bleibt konstant. Eine (teilweise) Rückzahlung ist demnach nicht vorgesehen.
- **Grundkapital**: Das Grundkapital beträgt ebenfalls 120.000.000 €. Eine Rückzahlung (etwa in Form eines Aktienrückkaufprogramms) ist nicht vorgesehen.

- **Gewinnrücklagen**: Die Gewinnrücklagen ergeben sich aus den akkumulierten Gewinnrücklagen der GuV. Also beispielsweise für das Jahr 3: -66.000.000 € + (-20.000.000 €) + 49.800.000 € = -36.200.000 €.

Für das Jahr 5 sind alle Bilanzpositionen gleich 0. Dies dient der Ermittlung des Terminal Values des Business Cases. Wir verwenden demnach den Buchwert-Ansatz aus Kapitel 4.4.1.

Der Vollständigkeit halber geben wir an dieser Stelle auch die Kapitalflussrechnung an:

Plan-Kapitalflussrechnung

in Tausend Euro

	Jahr 0	Jahr 1	Jahr 2	Jahr 3	Jahr 4	Jahr 5
Gewinn/Verlust	0	-66.000	-20.000	49.800	125.585	236.039
Abschreibungen	0	30.000	30.000	30.000	30.000	30.000
- Zuwachs Umlaufvermögen (ohne liquide Mittel)	-16.000	-24.000	-20.000	-30.000	-45.000	+135.000
Zuwachs kurzfristige Verbindlichkeiten	3.200	1.600	2.400	3.600	5.400	-16.200
Cash Flow aus operativer Tätigkeit	**-12.800**	**-58.400**	**-7.600**	**53.400**	**115.985**	**384.839**
- Endwert Anlagevermögen	-150.000	-120.000	-90.000	-60.000	-30.000	-0
Anfangswert Anlagevermögen	0	150.000	120.000	90.000	60.000	30.000
- Abschreibung	-0	-30.000	-30.000	-30.000	-30.000	-30.000
Cash Flow aus Investititionstätigkeit	**-150.000**	**0**	**0**	**0**	**0**	**0**
Fremdkapitalfinanzierung	120.000	0	0	0	0	-120.000
Eigenkapitalfinanzierung	120.000	0	0	0	0	-445.424
Cash Flow aus Finanztätigkeit	**240.000**	**0**	**0**	**0**	**0**	**-565.424**
Gesamt Cash Flow	**77.200**	**-58.400**	**-7.600**	**53.400**	**115.985**	**-180.585**

Im zweiten Schritt werden hieraus die relevanten Cash Flows bestimmt. Wir starten unsere Betrachtung zunächst mit der Cash Flow-Identität, welche dann folgendes Aussehen hat:

Cash Flow nach Fremd- und Eigenkapital

in Tausend Euro

	Jahr 0	Jahr 1	Jahr 2	Jahr 3	Jahr 4	Jahr 5
Zinszahlungen	0	12.000	12.000	12.000	12.000	12.000
- Neuverschuldung	-120.000	0	0	0	0	+120.000
Cash Flow nach Fremdkapital	**-120.000**	**12.000**	**12.000**	**12.000**	**12.000**	**132.000**
Ausschüttung	0	0	0	0	0	0
- Kapitalerhöhung	-120.000	0	0	0	0	+445.424
Cash Flow nach Eigenkapital	**-120.000**	**0**	**0**	**0**	**0**	**445.424**
Cash Flow nach Fremd- und Eigenkapital	**-240.000**	**12.000**	**12.000**	**12.000**	**12.000**	**577.424**

Cash Flow von Aktiva

in Tausend Euro

	Jahr 0	Jahr 1	Jahr 2	Jahr 3	Jahr 4	Jahr 5
Operativer Cash Flow						
EBIT	0	-54.000	-8.000	61.800	167.380	326.718
Abschreibungen	0	30.000	30.000	30.000	30.000	30.000
Steuern	0	0	0	0	29.795	78.680
Operativer Cash Flow	**0**	**-24.000**	**22.000**	**91.800**	**167.585**	**278.039**
Zunahme Working Capital						
Umlaufvermögen	93.200	58.800	71.200	154.600	315.585	0
kurzfristige Verbindlichkeiten	3.200	4.800	7.200	10.800	16.200	0
Zunahme Working Capital	**90.000**	**-36.000**	**10.000**	**79.800**	**155.585**	**-299.385**
Investition in Anlagevermögen						
Investition in Anlagevermögen	150.000	0	0	0	0	0
Investition in Anlagevermögen	**150.000**	**0**	**0**	**0**	**0**	**0**
Gesamt Cash Flow	**-240.000**	**12.000**	**12.000**	**12.000**	**12.000**	**577.424**

Der Gesamt-Cash Flow ergibt sich aus Operativer Cash Flow minus Zunahme Working Capital minus Investition in Anlagevermögen. Das Working Capital ergibt sich beispielsweise in Jahr 0: 93.200 (Umlaufvermögen) - 3.200 (kurzfristige Verbindlichkeiten) = 93.000. In Jahr 1 beträgt das Working Capital demnach: 58.800 -4.800 =54.000. Die Zunahme Working Capital in Jahr 1 ist somit 54.000 (Working Capital Jahr 1) - 90.000 (Working Capital Jahr 0) = - 36.000.

Diese Ergebnisse ermöglichen nun im letzten Schritt die Auswertung mit Hilfe von Kapitalwert und internem Zins Wir betrachten zunächst die Situation für die JV GmbH. Dazu analysieren wir den Cash Flow von Aktiva:

Investitionsrechnung

in Tausend Euro

	Jahr 0	Jahr 1	Jahr 2	Jahr 3	Jahr 4	Jahr 5
Abzinsungsfaktor	**20%**	**WACC**				
Cash Flow von Aktiva	-240.000	12.000	12.000	12.000	12.000	577.424
akkumulierter Cash Flow	-240.000	-228.000	-216.000	-204.000	-192.000	385.424
diskontierter Cash Flow	-240.000	10.000	8.333	6.944	5.787	232.054
Akkumulierter diskontierter Cash Flow	**-240.000**	**-230.000**	**-221.667**	**-214.722**	**-208.935**	**23.118**
Kapitalwert	**23.118**					
Amortisationsdauer	**5 Jahre**					
Interner Zins	**22,39%**					

Zur Berechnung des Kapitalwertes wird der gewichtete Kapitalkostensatz verwendet, der sich gewichtet aus der gewünschten Verzinsung der Eigenkapitalgeber, also der beteiligten Joint Venture Partner, und dem Zinssatz für die Aufnahme von Fremdkapital ergibt, also WACC = 50%*30%+50%*10% = 20%.

Die Situation aus Sicht der beiden beteiligten Partner sieht etwas anders aus. Es gilt hier, den Cash Flow nach Eigenkapital zu analysieren.

Cash Flow nach Eigenkapital	-120.000	0	0	0	0	445.424
Kapitalwert (Eigenkapital)	**-35**					
Interner Zins (Eigenkapital)	**29,99%**					

Aufgrund der Tatsache, dass es zu keinen Gewinnauszahlungen kommt, beschränkt sich der Cash Flow auf eine einmalige Investition zu Beginn des Planungshorizonts und einer Berücksichtigung des Terminal Values am Ende des Planungshorizonts. Es ergibt sich demnach auf Basis der Cash Flow-Identität ein widersprüchliches Bild. Das Projekt erscheint profitabel mit einem positiven Kapitalwert, die Eigenkapitalgeber erreichen allerdings ihr Renditeziel von 30% nicht.

Wir wollen uns nun der Analyse mittels der Free Cash Flows zuwenden. Hier ergibt sich folgendes Bild:

Free Cash Flow to Firm

in Tausend Euro

	Jahr 0	Jahr 1	Jahr 2	Jahr 3	Jahr 4	Jahr 5
	Operativer Cash Flow					
Operativer Cash Flow	**0**	**-24.000**	**22.000**	**91.800**	**167.585**	**278.039**

Zunahme Working Capital Definition 2						
Umlaufvermögen ohne nicht-operative Liquide Mittel	26.000	50.000	70.000	100.000	145.000	0
kurzfristige Verbindlichkeiten LuL	3.200	4.800	7.200	10.800	16.200	0
Zunahme Working Capital	**22.800**	**22.400**	**17.600**	**26.400**	**39.600**	**-128.800**
Investition in Anlagevermögen						
Investition in Anlagevermögen	**150.000**	**0**	**0**	**0**	**0**	**0**
Gesamt Cash Flow	**-172.800**	**-46.400**	**4.400**	**65.400**	**127.985**	**406.839**

Investitionsrechnung

in Tausend Euro

	Jahr 0	Jahr 1	Jahr 2	Jahr 3	Jahr 4	Jahr 5
Abzinsungsfaktor	**20%**					
Free Cash Flow to Firm	-172.800	-46.400	4.400	65.400	127.985	406.839
akkumulierter Cash Flow	-172.800	-219.200	-214.800	-149.400	-21.415	385.424
diskontierter Cash Flow	-172.800	-38.667	3.056	37.847	61.721	163.499
Akkumulierter diskontierter Cash Flow	**-172.800**	**-211.467**	**-208.411**	**-170.564**	**-108.843**	**54.657**
Kapitalwert	**54.657**					
Amortisationsdauer	**5 Jahre**					
Interner Zins	**26,7%**					

Und aus der Eigenkapitalgeber-Sicht:

Free Cash Flow to Equity

in Tausend Euro

	Jahr 0	Jahr 1	Jahr 2	Jahr 3	Jahr 4	Jahr 5
Free Cash Flow to Firm						
Free Cash Flow to Firm	**-172.800**	**-46.400**	**4.400**	**65.400**	**127.985**	**406.839**
Fremdfinanzierung						
Zunahme lfr. Fremdkapital	120.000	0	0	0	0	-120.000
Zinszahlungen	0	12.000	12.000	12.000	12.000	12.000
Cash Flow Finanzierung	**120.000**	**-12.000**	**-12.000**	**-12.000**	**-12.000**	**-132.000**
Gesamt Cash Flow	**-52.800**	**-58.400**	**-7.600**	**53.400**	**115.985**	**274.839**

Investitionsrechnung

in Tausend Euro

	Jahr 0	Jahr 1	Jahr 2	Jahr 3	Jahr 4	Jahr 5
Abzinsungsfaktor	30%					
Free Cash Flow to Equity	-52.800	-58.400	-7.600	53.400	115.985	274.839
akkumulierter Cash Flow	-52.800	-111.200	-118.800	-65.400	50.585	325.424
diskontierter Cash Flow	-52.800	-48.667	-5.278	30.903	55.934	110.451
akkumulierter diskontierter Cash Flow	**-52.800**	**-101.467**	**-106.744**	**-75.842**	**-19.908**	**90.544**
Kapitalwert	**36.717**					
Amortisationsdauer	**5 Jahre**					
Interner Zins	**40,9%**					

ACHTUNG: Die Ergebnisverbesserung bei Verwendung der Free Cash Flows ergibt sich aus einer differenzierten Interpretation der liquiden Mittel, nicht daraus, dass sich das Geschäftsmodell oder die Investition geändert haben!

Wir haben ganz bewusst auch jeweils die akkumulierten Cash Flows angegeben. Diese sind für beide Analysen im letzten Jahr der Projektion gleich, was nochmals verdeutlicht, dass die beiden Ansätze lediglich die Zuordnung der Cash Flows zu einzelnen Jahren unterschiedlich behandeln.

Die großen Abweichungen beim Kapitalwert und Internen Zins ergeben sich auch aus der definitionsbedingten deutlich geringeren Anfangsinvestition im Fall der Free Cash Flows. Hier ist nur der aus Sicht der Modellierer notwendige operative Anteil der liquiden Mittel berücksichtigt, also 10.000 T€. Der übrige Anteil (77.200 T€ - 10.000 T€ = 67.200 T€) geht nicht mit ein, so dass die Anfangsinvestition im Falle des Free Cash Flow to Firm nur mit 172.800 T€ (entspricht 240.000 T€ - 67.200 T€) kalkuliert wird. Gegebenenfalls ist hier eine Anpassung sinnvoll.

4.8.2 XY AG

Im Rahmen einer Produktentwicklung für die XY AG präsentiert der verantwortliche Produktmanager für die Innovation folgende Investitionsrechnung:

Im ersten Jahr kann bereits ein Umsatz von 800.000 € erzielt werden, der anschließend kontinuierlich um 5 % anwächst. Die Kosten werden vom Projektteam folgendermaßen eingeschätzt:

- Materialkosten: 60% bezogen auf die Umsätze pro Jahr.
- Personalkosten: 20% bezogen auf die Umsätze pro Jahr.
- Marketingkosten: 10.000 € im ersten Jahr mit einem jährlichen Anstieg von 10 %.
- Verwaltungskosten: 50.000 € pro Jahr.

Für das Projekt werden Investitionen von 240.000 € angesetzt, die über 10 Jahre abgeschrieben werden. Das Working Capital Investment wird zu Beginn mit 10% der Produktionskosten bewertet. In den darauffolgenden Jahren erwartet das Projektteam zusätzlichen Kapitalbedarf für ausstehende Forderungen, die mit 4% des Umsatzes in das Modell eingehen. Verbindlichkeiten gegenüber Lieferanten entstehen mit 5% der Materialkosten.

Die unternehmensinterne Vorgabe für die Kapitalwertberechnung von Projekten beträgt 20% und entspricht den gewichteten Kapitalkosten des Unternehmens.

Die Vorgaben gehen wie folgt in die Plan-Bilanz ein, wobei nun nur die Aktivseite modelliert wird. Statt der Bilanzpositionen des Umlaufvermögens kann auch einfach das Working Capital als Größe genommen werden.

Plan-Bilanz

in Tausend Euro

	Jahr 0	Jahr 1	Jahr 2	Jahr 3	Jahr 4	Jahr 5
Aktiva						
Working Capital Definition 2						
Operative Liquide Mittel	10.000	10.000	10.000	10.000	10.000	0
Forderungen		32.000	33.600	35.280	37.044	0
Verbindlickeiten aus LuL	24.000	25.200	26.460	27.783	29.172	0
Vorräte	57.600	67.200	70.560	74.088	77.792	0
Summe Working Capital	43.600	84.000	87.700	91.585	95.664	0
Anlagevermögen						
Gebäude und Maschinen	240.000	210.000	180.000	150.000	120.000	0
Summe	240.000	210.000	180.000	150.000	120.000	0
Summe	**283.600**	**294.000**	**267.700**	**241.585**	**215.664**	**0**

Die Gewinn- und Verlustrechnung unterscheidet sich von unserem vorherigen Ansatz dadurch, dass weder Zinsen noch Gewinnausschüttung modelliert werden. Dies ist auch nicht notwendig. Bei der Wahl des Abzinsungsfaktors für den Cash Flow müssen die Kapitalkosten entsprechend vorgegeben werden.

Plan-GuV

in Tausend Euro

	Jahr 0	Jahr 1	Jahr 2	Jahr 3	Jahr 4	Jahr 5
Umsatz		800.000	840.000	882.000	926.100	972.405
Materialkosten		480.000	504.000	529.200	555.660	583.443
Personalkosten		96.000	168.000	176.400	185.220	194.481
Marketingkosten		10.000	11.000	12.100	13.310	14.641

F&E-Kosten, Verwaltungskosten	50.000	50.000	50.000	50.000	50.000
Abschreibungen	30.000	30.000	30.000	30.000	30.000
EBIT	**134.000**	**77.000**	**84.300**	**91.910**	**99.840**
Steuern auf EBIT	33.500	19.250	21.075	22.978	24.960

Das Projekt wird nun analog der vorherigen Betrachtung mit Hilfe des Cash Flows von Aktiva bzw. des Free Cash Flows to Firm bewertet. Beide Cash Flows sind hier identisch. Sie ergeben sich folgendermaßen:

Cash Flow von Aktiva / Free Cash Flow to Firm

in Tausend Euro

	Jahr 0	Jahr 1	Jahr 2	Jahr 3	Jahr 4	Jahr 5
Operativer Cash Flow						
EBIT	0	134.000	77.000	84.300	91.910	99.840
Abschreibungen	0	30.000	30.000	30.000	30.000	30.000
Steuern	0	33.500	19.250	21.075	22.978	24.960
Operativer Cash Flow	**0**	**197.500**	**126.250**	**135.375**	**144.888**	**154.800**
Zunahme Working Capital gemäß Definition 2						
Zunahme Working Capital	**43.600**	**40.400**	**3.700**	**3.885**	**4.079**	**-95.664**
Investition in Anlagevermögen						
Investition in Anlagevermögen	240.000	0	0	0	0	-90.000
Investition in Anlagevermögen	**240.000**	**0**	**0**	**0**	**0**	**-90.000**
Gesamt Cash Flow	**-283.600**	**157.100**	**122.550**	**131.490**	**140.808**	**340.464**

Somit ergibt sich abschließendes Bild durch den letzten Schritt der Analyse. Der Kapitalwert ist positiv bei Verwendung des vorgegebenen Diskontierungszinssatzes von 20% und der interne Zins liegt folgerichtig ebenfalls mit 47,2% deutlich über der gesetzten Benchmark.

Investitionsrechnung

in Tausend Euro

	Jahr 0	Jahr 1	Jahr 2	Jahr 3	Jahr 4	Jahr 5
Abzinsungsfaktor	**20%**	WACC				
Cash Flow von Aktiva	-283.600	157.100	122.550	131.490	140.808	340.464
akkumulierter Cash Flow	-283.600	-126.500	-3.950	127.540	268.348	608.813
diskontierter Cash Flow	-283.600	130.917	85.104	76.094	67.905	136.825
akkumulierter diskontierter Cash Flow	**-283.600**	**-152.683**	**-67.579**	**8.515**	**76.420**	**213.245**

Kapitalwert	213.245
Amortisationsdauer	3 Jahre
Interner Zins	47,2%

Für diesen Business Case ist die Benchmark (hier der WACC) vorgegeben. Man beachte aber, dass bei der Berechnung der Cash Flows der Steuervorteil aus einer möglichen Fremdfinanzierung nicht eingerechnet wurde. Dies sollte insofern im Vorfeld bei der Festlegung der Benchmark berücksichtigt werden (vgl. hierzu auch Abschnitt 4.7.2 Free Cash Flows).

4.9 Lösungen zu ausgewählten Übungsaufgaben

Übungsaufgabe 4.1

Gegeben ist folgende Gewinn- und Verlustrechnung eines Unternehmens. Modellieren Sie die fehlenden Positionen in der Bilanz. Welche Annahmen haben Sie getroffen?

Es sind viele Modellierungen möglich, insbesondere weil keine Angaben zu weiteren Finanzierungen gemacht wurden.

Beispiel:

Bilanz	Jahr 0	Jahr 1	Jahr 2	Jahr 3	Jahr 4
Anlagevermögen	**20.000**	**16.000**	**12.000**	**8.000**	**4.000**
Umlaufvermögen	**6.000**	**10.000**	**14.500**	**19.500**	**24.000**
Vorräte	4.000	5.000	6.000	7.000	7.000
Forderungen	0	1.000	1.500	2.000	2.000
liquide Mittel	2.000	4.000	7.000	10.500	15.000
Summe Aktiva	**26.000**	**26.000**	**26.500**	**27.500**	**28.000**
eingezahltes EK	10.000	10.000	10.000	10.000	10.000
Rücklagen		0	500	1.500	2.000
lfr. Verbindlichkeiten	13.000	13.000	13.000	13.000	13.000
kfr. Verbindlichkeiten	3.000	3.000	3.000	3.000	3.000
Summe Passiva	**26.000**	**26.000**	**26.500**	**27.500**	**28.000**

Übungsaufgabe 4.2

Übernimmt man die gleichen Zahlen wie in obigem Beispiel ergibt sich:

GuV	Jahr 01	Jahr 02	Jahr 03	Jahr 04	Jahr 05
Umsatz	0	14.000	19.000	22.000	22.000
./. Kosten	0	- 9.000	- 13.000	- 15.000	- 15.000
./. Abschreibung	0	- 4.000	- 4.000	- 4.000	- 4.000
= EBIT	0	1.000	2.000	3.000	3.000
./. Steuern (50%)	0	- 500	- 1.000	-1.500	-1.500
= Gewinn	0	500	1.000	1.500	1.500

Bilanz	Jahr 01	Jahr 02	Jahr 03	Jahr 04	Jahr 05
Anlagevermögen	20.000	16.000	12.000	8.000	4.000
Working Capital	3.000	7.000	11.500	16.500	21.000
Summe	23.000	23.000	23.500	24.500	25.000

Übungsaufgabe 4.3

Gegeben seien folgende Projektionen der Bilanz und der Gewinn- und Verlustrechnung eines Unternehmens. Bestimmen Sie hieraus die Kapitalflussrechnung.

Kapitalflussrechnung	Jahr 0	Jahr 1	Jahr 2	Jahr 3	Jahr 4
GuV-Gewinn	0	0	500	1.000	1.000
+ Abschreibungen	+0	+4.000	+4.000	+4.000	+4.000
./. Zunahme UV ohne LM	-4.000	-2.000	-1.500	-1.500	-0
+ Zunahme kfr. Verb. LuL	+0	+0	+0	+0	+0
(1) Cash Flow aus lfd. Geschäftstätigkeit	-4.000	+2.000	+3.000	+3.500	+5.000
(2) Cash Flow aus Investitionstätigkeit	-20.000	0	0	0	0
Zunahme EK	+10.000	+0	+0	+0	+0
-Dividenden	-0	-0	-0	-0	-500
+Zunahme lfr. FK	+13.000	+0	+0	+0	+0
+Zunahme kfr. FK (Bank)	+3.000	+0	+0	+0	+0
(3) Cash Flow aus Finanzierungstätigkeit	+26.000	+0	+0	+0	+0
Gesamt Cash Flow Summe (1) + (2) + (3)	**+2.000**	**+2.000**	**+3.000**	**+3.500**	**+4.500**

Übungsaufgabe 4.4

Verwenden Sie die Projektionen der Bilanz und der Gewinn- und Verlustrechnung aus der Übungsaufgabe 4.3. Bestimmen Sie hieraus die Cash Flow-Identität.

Wir bestimmen zunächst das Working Capital für jedes Jahr und ermitteln so dessen jährliche Veränderung:

Working Capital	Jahr 0	Jahr 1	Jahr 2	Jahr 3	Jahr 4
Umlaufvermögen	6.000	10.000	14.500	19.500	24.000
- kfr. FK	-3.000	- 3.000	- 3.000	- 3.000	- 3.000
= Working Capital	+ 3.000	+ 7.000	+ 11.500	+ 16.500	+ 21.000
Differenz zum Vorjahr	**+ 3.000**	**+ 4.000**	**+ 4.500**	**+ 5.000**	**+ 4.500**

Daraus ergibt sich dann nachfolgende Cash Flow-Identität:

Cash Flow von Aktiva	Jahr 0	Jahr 1	Jahr 2	Jahr 3	Jahr 4
EBIT	*0*	*1.000*	*+ 2.000*	*+ 3.000*	*+ 3.000*
+ Abschreibung	*0*	*+ 4.000*	*+ 4.000*	*+ 4.000*	*+ 4.000*
- Steuern	*0*	*0*	*- 500*	*- 1.000*	*- 1.000*
= Operativer Cash Flow	+ 0	+ 5.000	+ 5.500	+ 6.000	+ 6.000
- Investition AV	- 20.000	- 0	- 0	- 0	- 0
- Zunahme WC	- 3.000	- 4.000	- 4.500	- 5.000	- 4.500
Cash Flow	**- 23.000**	**+ 1.000**	**+ 1.000**	**+ 1.000**	**+ 1.500**

Cash Flow nach FK	Jahr 0	Jahr 1	Jahr 2	Jahr 3	Jahr 4
- Zunahme lfr. FK	- 13.000	- 0	- 0	- 0	- 0
+ Zinszahlungen	+ 0	+ 1.000	+ 1.000	+ 1.000	+ 1.000
Cash Flow	**- 13.000**	**+ 1.000**	**+ 1.000**	**+ 1.000**	**+ 1.000**

Cash Flow nach EK	Jahr 0	Jahr 1	Jahr 2	Jahr 3	Jahr 4
- Zunahme EK	- 10.000	- 0	- 0	- 0	- 0
+ Dividenden	+ 0	+ 0	+ 0	+ 0	+ 500
Cash Flow	**- 10.000**	**+ 0**	**+ 0**	**+ 0**	**+ 500**

Übungsaufgabe 4.5

Verwenden Sie wieder die Projektionen der Bilanz und der Gewinn- und Verlustrechnung aus der Übungsaufgabe 4.3. Bestimmen Sie hieraus nun die Free Cash Flows.

Wir bestimmen zunächst das Working Capital für jedes Jahr und ermitteln so dessen jährliche Veränderung:

Working Capital	Jahr 0	Jahr 1	Jahr 2	Jahr 3	Jahr 4
Umlaufvermögen ohne LM	6.000	8.000	9.500	11.000	11.000
- kfr. Verbindlichkeiten LuL	-1.000	- 1.500	- 2.000	- 2.000	- 2.000
= Working Capital	+ 5.000	+ 6.500	+ 7.500	+ 9.000	+ 9.000
Differenz zum Vorjahr	**+ 5.000**	**+ 1.500**	**+ 1.000**	**+ 1.500**	**+ 0**

Daraus ergeben sich folgende Free Cash Flows:

Free Cash Flow To Firm	Jahr 0	Jahr 1	Jahr 2	Jahr 3	Jahr 4
EBIT	*0*	*1.000*	*+ 2.000*	*+ 3.000*	*+ 3.000*
+ Abschreibung	*0*	*+ 4.000*	*+ 4.000*	*+ 4.000*	*+ 4.000*
- Steuern		*0*	*- 500*	*- 1.000*	*- 1.000*
+ Operativer Cash Flow	+ 0	+ 5.000	+ 5.500	+ 6.000	+ 6.000
- Investition AV	- 20.000	- 0	- 0	- 0	+ 0
- Zunahme WC	- 5.000	- 1.500	- 1.000	- 1.500	+ 0
Free Cash Flow	**- 25.000**	**+ 3.500**	**+ 4.500**	**+ 4.500**	**+ 6.000**

Free Cash Flow To Equity	Jahr 01	Jahr 02	Jahr 03	Jahr 04	Jahr 05
EBIT	0	1.000	2.000	3.000	3.000
+ Abschreibungen	+ 0	+ 4.000	+ 4.000	+ 4.000	+ 4.000
+ Rückstellungen	+ 0	+ 0	+ 0	+ 0	+ 0
+ FK-Zunahme	+ 13.000				
– Zinszahlungen		- 1.000	- 1.000	- 1.000	- 1.000
– Steuern	- 0	- 0	- 500	- 1.000	- 1.000
– Investition in AV	- 20.000	- 0	- 0	- 0	- 0
– Zunahme WC	- 5.000	- 1.500	- 1.000	- 1.500	- 0
Free Cash Flow	**- 12.000**	**+ 2.500**	**+ 3.500**	**+ 3.500**	**+ 5.000**

Für den Projektfall ergeben sich folgende Betrachtungen:

GuV	Jahr 01	Jahr 02	Jahr 03	Jahr 04	Jahr 05
Umsatz	**0**	**14.000**	**19.000**	**22.000**	**22.000**
./. Kosten	0	- 9.000	- 13.000	- 15.000	- 15.000
./. Abschreibung	0	- 4.000	- 4.000	- 4.000	- 4.000
= EBIT	**0**	**1.000**	**2.000**	**3.000**	**3.000**
./. Steuern (50%)	0	- 500	- 1.000	-1.500	-1.500
= Gewinn	**0**	**500**	**1.000**	**1.500**	**1.500**

Bilanz	Jahr 01	Jahr 02	Jahr 03	Jahr 04	Jahr 05
Anlagevermögen	20.000	16.000	12.000	8.000	4.000
Working Capital Def. 2	5.000	6.500	7.500	9.000	9.000
Summe	**25.000**	**22.500**	**19.500**	**17.000**	**13.000**

Und somit ergeben sich für den Projektfall folgende Cash Flows:

Free Cash Flow To Firm	Jahr 01	Jahr 02	Jahr 03	Jahr 04	Jahr 05
EBIT	*0*	*1.000*	*+ 2.000*	*+ 3.000*	*+ 3.000*
+ Abschreibung	*0*	*+ 4.000*	*+ 4.000*	*+ 4.000*	*+ 4.000*
- Steuern	*0*	*- 500*	*- 1.000*	*- 1.500*	*- 1.500*
+ Operativer Cash Flow	+ 0	+ 4.500	+ 5.000	+ 5.500	+ 5.500
- Investition AV	- 20.000	- 0	- 0	- 0	+ 0
- Zunahme Working C.	- 5.000	- 1.500	- 1.000	- 1.500	+ 0
Cash Flow	**- 25.000**	**+ 3.000**	**+ 4.000**	**+ 4.000**	**+ 5.500**

Free Cash Flow To Equity	Jahr 01	Jahr 02	Jahr 03	Jahr 04	Jahr 05
EBIT	**0**	**1.000**	**2.000**	**3.000**	**3.000**
+ Abschreibungen	+ 0	+ 4.000	+ 4.000	+ 4.000	+ 4.000
+ Rückstellungen	+ 0	+ 0	+ 0	+ 0	+ 0
+ FK-Zunahme	+ 13.000				
– Zinszahlungen		- 1.000	- 1.000	- 1.000	- 1.000
– Steuern	- 0	- 500	- 1.000	- 1.500	- 1.500
– Investition in AV	- 20.000	- 0	- 0	- 0	- 0
– Zunahme Working C.	- 5.000	- 1.500	- 1.000	- 1.500	- 0
Cash Flow	**- 12.000**	**+ 2.000**	**+ 3.000**	**+ 3.000**	**+ 4.500**

Übungsaufgabe 4.11

Wir betrachten wieder die Projektionen der Bilanz und der GuV aus der Übungsaufgabe 4.3. Verwenden Sie die daraus abgeleiteten Free Cash Flows to Firm und to Equity und bestimmen Sie die jeweiligen Terminal Values mit dem Going-Concern-Ansatz und leiten dann den Kapitalwert und Internen Zinssatz ab.

Folgende Parameter seien gegeben: WACC = 12%; EK-Kosten = 18%; g = 3%.

Wir bestimmen zunächst die Terminal Values:

$$Terminal\ Value(\text{FCFF}) = \frac{Cash\ Flow \times (1+g)}{i-g} = \frac{6.000 \times (1+3\%)}{12\% - 3\%} = 68.667$$

$$Terminal\ Value(\text{FCFE}) = \frac{Cash\ Flow \times (1+g)}{i-g} = \frac{5.000 \times (1+3\%)}{18\% - 3\%} = 34.333$$

Daraus ergeben sich folgende Cash Flows inklusive Terminal Value:

FCFF	Jahr 0	Jahr 1	Jahr 2	Jahr 3	Jahr 4
Cash Flow	- 23.000	+ 1.500	+ 4.500	+ 4.500	+ 74.667

FCFE	Jahr 0	Jahr 1	Jahr 2	Jahr 3	Jahr 4
Cash Flow	- 10.000	+ 500	+ 3.500	+ 3.500	+ 39.333

Kapitalwert und Interner Zinssatz lauten:

- *NPV*(FCFF) ≈ 32.582; *IRR*(FCFF) = 42,38%
- *NPV*(FCFE) ≈ 15.355; *IRR*(FCFE) = 52,90%

Übungsaufgabe 4.14

Eine mögliche Lösung für einen Worst-Case könnte beispielsweise so aussehen:

GuV	Jahr 01	Jahr 02	Jahr 03	Jahr 04	Jahr 05
Umsatz	0	1.300	1.500	1.500	1.500
./. Kosten	0	- 700	- 900	- 900	- 900
./. Abschreibung	0	- 500	- 500	- 500	- 500
= EBIT	**0**	**+ 100**	**+ 100**	**+ 100**	**+ 100**
./. Zinsen	0	- 200	- 100	- 100	- 100
= Gewinn vor Steuern	**0**	**- 100**	**+ 100**	**+ 0**	**+ 0**
./. Steuern (50%)	0	- 0	- 0	- 0	- 0
= Gewinn	**0**	**- 100**	**+ 100**	**+ 0**	**+ 0**
davon einbehalten	0	- 100	+ 100	+ 0	+ 0
davon Dividende	0	0	0	0	0

Bilanz	Jahr 01	Jahr 02	Jahr 03	Jahr 04	Jahr 05
Anlagevermögen	2.500	2.200	2.000	1.000	500
Vorräte	200	200	200	200	200

Forderungen	0	0	100	200	200
Liquide Mittel operativ	300	100	300	600	900
Liquide Mittel nicht-operativ	0	0	0	600	800
Summe Umlaufvermögen	500	300	600	1.600	2.100
Summe Aktiva	**3.000**	**2.500**	**2.600**	**2.600**	**2.600**
Eingezahltes EK	1.000	1.000	1.000	1.000	1.000
Rücklagen		- 100	0	0	0
Lfr. Verbindlichkeiten	2.000	1.000	1.000	1.000	1.000
Kfr. Verbindlichkeiten	0	600	600	600	600
Summe Passiva	**3.000**	**2.500**	**2.600**	**2.600**	**2.600**

Die entsprechenden Free Cash Flows ergeben sich dann zu:

Free Cash Flow To Firm	Jahr 01	Jahr 02	Jahr 03	Jahr 04	Jahr 05
EBIT	*0*	*+ 100*	*+ 100*	*+ 100*	*+ 100*
+ Abschreibung	*0*	*+ 500*	*+ 500*	*+ 500*	*+ 500*
- Steuern	*0*	*- 0*	*- 0*	*- 0*	*- 0*
+ Operativer Cash Flow	+ 0	+ 600	+ 600	+ 600	+ 600
- Investition AV	- 2.500	- 200	- 300	+ 500	+ 0
- Zunahme WC	- 500	+ 800	- 300	- 400	- 300
Free Cash Flow	**- 3.000**	**+ 1.200**	**+ 0**	**+ 700**	**+ 300**

Berechnung Terminal Value mit g=1%:

$$Terminal\ Value = \frac{Cash\ Flow \times (1+g)}{i-g} = \frac{300 \times (1+1\%)}{15\% - 1\%} = 2.164{,}29€$$

Daraus ergibt sich: *NPV* = -87,30 und *IRR* = 13,8%, wobei die Zahlen hier mit Vorsicht zu interpretieren sind, da keine Investitionen in das Anlagevermögen mehr vorgenommen werden.

Übungsaufgabe 4.15

	Best Case	Base Case	Worst Case	**E(NPV)**
NPV	2.484,79 €	853,63 €	-1.838,89 €	

a. Wahrscheinlichkeit	20%	70%	10%	910,61 €
b. Wahrscheinlichkeit	10%	50%	40%	-60,26 €
c. Wahrscheinlichkeit	30%	40%	30%	535,22 €

Übungsaufgabe 4.16

t	**0**	**1**	**2**	**3**	***NPV***	**Wk**	**NPV gewichtet**
Szenario 1	-3000	1000	2000	3000	1.354,40 €	24,0%	325,06 €
Szenario 2	-3000	1000	2000	2000	696,89 €	12,0%	83,63 €
Szenario 3	-3000	1000	2000	1000	39,37 €	4,0%	1,57 €
Szenario 4	-3000	1000	1000	2000	-59,26 €	**8,0%**	**-4,74 €**
Szenario 5	-3000	1000	1000	1000	-716,77 €	**8,0%**	**-57,34 €**
Szenario 6	-3000	1000	800	2000	-210,49 €	**16,8%**	**-35,36 €**
Szenario 7	-3000	1000	800	1500	-539,25 €	**2,4%**	**-12,94 €**
Szenario 8	-3000	1000	800	1000	-868,00 €	**4,8%**	**-41,66 €**
Szenario 9	-3000	200	1500	3000	280,68 €	4,8%	13,47 €
Szenario 10	-3000	200	1500	1500	-705,60 €	**4,8%**	**-33,87 €**
Szenario 11	-3000	200	1500	1000	-1.034,36 €	**2,4%**	**-24,82 €**
Szenario 12	-3000	200	400	2000	-1.208,60 €	**3,2%**	**-38,68 €**
Szenario 13	-3000	200	400	1000	-1.866,11 €	**4,0%**	**-74,64 €**
Szenario 14	-3000	200	400	0	-2.523,63 €	**0,8%**	**-20,19 €**
***Gesamt* E(*NPV*)**						**100%**	**79,48 €**

Die Wahrscheinlichkeiten der Szenarien mit negativem *NPV* summieren sich zu: 55,2%, was somit der Ausfallwahrscheinlichkeit entspricht.

Schritt 5: Schlussbetrachtung

Die Lernfragen zu diesem Kapitel finden Sie unter:
https://narr.kwaest.io/s/1149

Lernziele

Im letzten Kapitel werden die abschließenden Inhalte des Business Plans vorgestellt und Aspekte einer systematischen Überprüfung aufgezeigt. Eine Liste häufiger Fehler rundet das Kapitel ab.

5.1 Was man nicht vergessen sollte!

Meist müssen Business Pläne unter großem zeitlichem Druck erstellt werden. Viele Informationen werden zusammengetragen und schließlich in Form eines schriftlichen Dokuments oder als Foliensatz zusammengefasst. Hierzu müssen inhaltliche Prioritäten gesetzt werden und eine konsistente Storyline sichergestellt sein. Der zeitliche Druck und die beschriebene Komplexität führen leider oftmals dazu, dass die letzten Schritte zu kurz kommen. Diese sind die Erstellung eines vollständigen und aussagekräftigen Anhangs und die systematische finale Prüfung der erstellten Dokumentation.

5.1.1 Anhang

Bei der Bewertung von Business Plänen stehen Inhalte selbstverständlich im Vordergrund. Der Ersteller ist allerdings gut beraten, auch bei der Bearbeitung des Anhangs große Sorgfalt walten zu lassen. Hierzu können gehören:

- **Quellenangabe von verwendeten Statistiken und Abbildungen**

  Achten Sie darauf, dass Sie alle wichtigen Aussagen belegen können.

- **Literaturhinweise**

  Hinweise auf zusätzliche Literatur können zur Unterstützung der Storyline des Vorhabens gegeben werden. Im Wesentlichen unterstreicht die Angabe zusätzlicher Literatur, dass sich der Ersteller intensiv mit allen denkbaren Aspekten seines Business Cases auseinandergesetzt hat.

- **Zusätzliche Kalkulationen**

  Hier bieten sich zunächst diejenigen Detailrechnungen an, die den Rahmen des Kerndokuments oder einer Präsentation überschreiten würden. Darüber hinaus können Best- und Worst-Case-Szenarien aufgenommen werden. Die Anzahl der im Dokument aufgeführten Szenarien sollte jedoch gering gehalten werden und nicht in einem Zahlenfriedhof enden.

- **Ergänzende fachliche Ausführungen**

  Fachliche Ergänzungen, die Nicht-Spezialisten überfordern würden, sollten dem Anhang zugeführt werden.

- **Backup Folien (bei Präsentationen)**

  Orientieren Sie sich an den möglichen Inhalten eines Business Plans und stellen Sie sicher, dass Sie auch bei Backup Folien alle Informationen erläutern können.

Die Qualität des Anhangs wird oftmals als Indikator verwendet für die Ernsthaftigkeit eines Vorhabens und die grundsätzliche Sorgfalt mit der der Ersteller an die Bearbeitung einer Aufgabe herangeht.

Merke

Erfahrene Beurteiler von Business Plänen überprüfen die Sorgfalt eines Business Plans und die Ernsthaftigkeit eines Vorhabens auch anhand der Vollständigkeit und Aussagekraft eines Anhangs, indem stichprobenhaft einzelne Punkte überprüft werden.

5.1.2 Finale Prüfung

Bevor ein Business Plan präsentiert oder in schriftlicher Form weitergegeben wird, ist eine finale Prüfung dringend notwendig. Was im Grunde nach einer Selbstverständlichkeit klingt, wird in praxi häufig nicht eingehalten. Die Gründe sind zumeist, dass der Business Plan in letzter Sekunde fertig wird und dass der Ersteller nach intensiver Arbeit keine Motivation mehr für diese letzte Überprüfung hat. Zu empfehlen ist eine schrittweise Vorgehensweise, bei der spezifische Aspekte abgefragt werden:

- Überprüfen Sie das komplette Dokument auf Komma- und Rechtschreibfehler.
- Achten Sie darauf, dass alle notwendigen Inhalte vorhanden sind und bearbeitet wurden.
- Überprüfen Sie, ob der Rote Faden Ihrer Story erkennbar ist.

- Hinterfragen Sie die Konsistenz Ihrer Annahmen und den daraus gezogenen Schlussfolgerungen und Handlungsempfehlungen.
- Bereiten Sie eine Liste möglicher Fragen vor und überprüfen Sie, ob diese durch den Business Plan beantwortet werden.

Merke

Planen Sie die finale Prüfung explizit ein und reservieren Sie hierzu, falls möglich, einen zusätzlichen Tag. Die finale Prüfung sollte stets nach einer ausreichenden Pause erfolgen und systematisch durchgeführt werden.

5.2 NoGos

- Machen Sie keine Aussagen ohne Quellen oder nachvollziehbare Begründung, vermeiden Sie unsubstantiierte oder widersprüchliche Annahmen.
- Vernachlässigen Sie nicht die Marktanalyse und stellen Sie sicher, dass sich die Ergebnisse im Finanzteil wiederfinden.
- Vergessen Sie insbesondere keine bereits aktiven oder potenziell bedrohlichen Wettbewerber bei der Marktanalyse und der Schätzung Ihrer Marktanteils- und Umsatzentwicklung, insbesondere wenn die Eintrittsbarrieren für Dritte niedrig sind.
- Denken Sie dabei auch an mögliche margenwirksame Preiskämpfe, die Ihr Markteintritt zur Folge haben könnte.
- Vermeiden Sie einen beliebigen Marketing-Mix, analysieren Sie sorgfältig, welche Maßnahmen für Ihr Unternehmen oder Projekt am besten geeignet sind, und fokussieren Sie Ihren Ansatz dementsprechend.
- Achten Sie darauf, dass im Finanzteil keine offensichtlichen Fehler vorliegen.
- Ihre Marketing-Aktivitäten sollten gut überlegt und auf das Projekt maßgeschneidert sein, denn bei neuen Vorhaben sind die Ressourcen meistens begrenzt.
- Ihre Marketing-Aktivitäten müssen sich an den vorhandenen meist stark begrenzten Ressourcen orientieren.
- Insbesondere junge Unternehmen weisen anfangs sehr hohe Wachstumsraten auf, die aber nicht endlos fortgeschrieben dürfen. (Sehr) langfristig sollte das Unternehmenswachstum maximal dem Wachstum des Bruttosozialprodukts entsprechen.
- International tätige Unternehmen mit Tochtergesellschaften sollten regionale Unterschiede berücksichtigen, unter anderem bei Kundenpräferenzen, aber auch

hinsichtlich der lokalen Arbeitsmärkte, des Steuersystems und anderer relevanter Faktoren.

- Stark wachsende Unternehmen dürfen nicht den wachsenden Personal- und Raumbedarf (für Büros und Produktion) ignorieren.
- Viele Kostenpositionen entwickeln sich proportional zum Umsatz (z.B. Materialeinsatz), die jeweiligen Wachstumsraten sollten daher nicht divergieren.
- Allgemeine Preissteigerungen und spezielle Entwicklungen (z.B. bei Lohnkosten) sollten berücksichtigt werden.
- Stellen Sie sicher, dass das Vorhaben mit ausreichender Liquidität versorgt ist und entsprechend wesentliche zu erwartende Liquiditätseffekte (z.B. Investitionen, Working Capital-Veränderungen) bei der Planung berücksichtigt werden.
- Achten sie darauf, dass die Kapitalkosten (für Fremd- und Eigenkapital) realistisch geschätzt werden und auch das Risiko eines Kapitalgebers angemessen reflektieren.
- Stellen Sie sicher, dass der Investitionsplan, die Abschreibungen und die Entwicklung des Anlagevermögens abstimmbar sind.
- Die geplante Kapitalstruktur (insbesondere die Eigenkapitalquote) sollte auch noch nach mehreren Jahren passen, oft kommt es entweder zu zusätzlichem Kapitalbedarf oder zu Überschüssen, welche ggfs. ausgeschüttet werden sollten.
- Vergessen Sie in der Planung der Unternehmenssteuern nicht die möglichen steuerlichen Verlustvorträge, die sich in einer verlustreichen Anlaufphase aufbauen können.
- Ignorieren Sie kritische Aspekte nicht, sondern bereiten Sie Lösungsansätze und Handlungsoptionen vor.

Bei **Präsentationen** gilt zusätzlich:

- Bleiben Sie aufmerksam und beobachten Sie die Teilnehmer, auch wenn Sie gerade nicht sprechen.
- Jede Frage muss ernst genommen werden.
- Vergessen Sie das Handout nicht.

Literaturhinweise

Barth, T./ Ernst, D.: Kosten- und Erlösrechnung Schritt für Schritt: Arbeitsbuch; utb; 2017

Becker, J.: Marketing-Konzeption: Grundlagen des ziel-strategischen und operativen Marketing-Managements, Vahlen; 11., aktualisierte und ergänzte Aufl. 2018

Bloss, M. (Hrsg.): Financial Engineering: Strategien, Bewertungen und Risikomanagement; De Gruyter Studium; 4. Aufl. 2020

Bornhofen, M./Bornhofen, M.: Buchführung 1 DATEV-Kontenrahmen 2022: Grundlagen der Buchführung für Industrie- und Handelsbetriebe; Springer Gabler; 34., überarb. u. aktualisierte Aufl. 2023

Bornhofen, M./Bornhofen, M.: Buchführung 2 DATEV-Kontenrahmen 2022: Abschlüsse nach Handels- und Steuerrecht – Betriebswirtschaftliche Auswertung – Vergleich mit IFRS; Springer Gabler; 34., überarb. u. aktualisierte Aufl. 2023

Brealey, R./Myers, S./Allen, F./Edmans, A.: Principles of Corporate Finance, McGraw-Hill Education, 14. Aufl. 2022

Breuer, W.: Finanzierung. Eine systematische Einführung. 3., akt. u. überarb. Aufl., Wiesbaden 2013

Bruhn, Manfred: Marketing: Grundlagen für Studium und Praxis, Springer Gabler; 15. Aufl. 2022

Dörschell, A./Franken, L./Schulte J.: Der Kapitalisierungszinssatz in der Unternehmensbewertung: Praxisgerechte Ableitung unter Verwendung von Kapitalmarktdaten, 2. Aufl., Düsseldorf 2012

Ernst, D./Häcker, J.: Applied International Corporate Finance, 2. Aufl., München 2011

Fuchs, W.: Crashkurs Storytelling: Grundlagen und Umsetzungen, Haufe, 3.Aufl. 2021

Gansser, O./Krol, B. (Hrsg.): Moderne Methoden der Marktforschung, Kunden besser verstehen, Wiesbaden 2017

Hauschildt, J./Salomo, S./Schultz, C./Kock, A.: Innovationsmanagement; Vahlen; 7. Aufl. 2022

Heidorn, T./Schäffler, C.: Finanzmathematik in der Bankpraxis: Vom Zins zur Option, 7. Aufl., Wiesbaden 2016

Hicks, J.: Value and Capital (2. Ausg.). Oxford 1946

Hiller, D./Ross, S./Westerfield, R./Jaffé, J./Jordan, B.: Fundamentals of Corporate Finance, 4. Aufl. 2020

Kleinschmidt, E./Geschka, H./Cooper, R.G.: Erfolgsfaktor Markt: Kundenorientierte Produktinnovation (Innovations- und Technologiemanagement). Berlin, Springer Verlag, 1996

Kotler, P./Armstrong, G./Harris, L./He, H.: Grundlagen des Marketing; Pearson Studium, 8. Aufl. 2022

Kreis, H./Wildner, R./Kuß, A.: Marktforschung, Datenerhebung und Datenanalyse, 7. Aufl. 2021

Kruschwitz, L./Husmann, S.: Finanzierung und Investition. 7. Aufl., München 2012

Lammenett, Erwin: Praxiswissen Online-Marketing: Affiliate-, Influencer-, Content-, Social-Media-, Amazon-, Voice-, B2B-, Sprachassistenten- und E-Mail-Marketing, Google Ads, SEO, Springer Gabler; 8. Aufl. 2021

Markowitz, H.: Portfolio Selection, in: Journal of Finance, 7. Jg., S. 77-91, 1952

Nagl, A.: Der Businessplan, Geschäftspläne professionell erstellen, Mit Checklisten und Fallbeispielen, 10. Aufl. 2020

Petersen, K./Zwirner, Ch./Zimny, G.: Handbuch Unternehmensbewertung: Anlässe - Methoden - Branchen - Rechnungslegung - Rechtsprechung, 3. Aufl. 2022

Ries, A.: Projektmanagement Schritt für Schritt: Arbeitsbuch; utb; 2. Aufl. 2020

Sens, Bastian: Das Online-Marketing-Cockpit: 8 Phasen einer erfolgreichen Online-Marketing-Strategie; Springer Gabler; 1. Aufl. 2019

Vahs, D.: Organisation, Schäffer-Poeschel; 10. Aufl. 2019

Vahs, D./Brem, A.: Innovationsmanagement, Von der Idee zur erfolgreichen Vermarktung, 6. Aufl. 2023

Vogelsang, E./Fink, C./Baumann, M.: Existenzgründung und Businessplan, Ein Leitfaden für erfolgreiche Start-ups, 5. Aufl. 2018

Winkelmann, P./Spandl. T.: Marketing und Vertrieb, Fundamente für die Marktorientierte Unternehmensführung, 9. Aufl. 2023

Wöhe, G./Döring, U./Brösel, G.: Einführung in die Allgemeine Betriebswirtschaftslehre; Vahlen; 28. Aufl. 2023

Wöltje, J.: Buchführung Schritt für Schritt; utb; 5. Aufl. 2021

Glossar

Amortisationsdauer

Die Amortisationsdauer oder Kapitalwiedergewinnzeit (englisch: „Pack-Back-Period"), bezeichnet den Zeitraum, der benötigt wird, um das für eine Investition eingesetzte Kapital wieder zurückzubekommen.

Benchmark Rendite

Angestrebte Vergleichs- oder Mindestrendite für ein Projekt, zum Beispiel die allgemeine Renditevorgabe eines Konzerns oder die anderweitig für den Investor erreichbare Rendite.

Break-Even-Punkt

Moment, bei dem ein Projekt oder eine Investition die Kosten deckt und profitabel wird.

Budget

Geschäftsplanung für die nächsten Jahre, anhand derer der Unternehmenserfolg später gemessen werden kann.

Business Case

Untersuchung oder Darstellung eines bestimmten Geschäftsszenarios hinsichtlich der Rentabilität einer Investitionsmöglichkeit. Der Business Case dient zur Darstellung und Abwägung der prognostizierten finanziellen und strategischen Auswirkungen der Investition.

Business Plan

Geschäftsplan in Form eines ausführlichen schriftlichen Dokumentes, das eine Investitionsmöglichkeit sowie konkrete Maßnahmen beschreibt, die zu ergreifen sind, um diese Chance zu nutzen.

Cash Cows

„Zahlende Kühe" – Produkte, die bei geringem Wachstum aufgrund eines hohen Marktanteils einen positiven Cash Flow aufweisen.

Cash Flow (oder auch Cashflow)

Der Kapitalfluss ist eine wirtschaftliche Messgröße. Sie stellt den Nettozufluss liquider Mittel (= positiver Cash Flow) bzw. Nettoabfluss (= negativer Cash Flow) während einer Periode dar.

Cash Flow-Identity

Die Cash Flow-Identität besagt, dass jede Investition in Aktiva durch einen entsprechenden Kapitalfluss auf der Passivseite gedeckt sein muss.

Earnings before Interest and Taxes (EBIT)

Der EBIT beschreibt den Gewinn eines Unternehmens vor Steuern und Zinsen; wird auch als operativer Gewinn bezeichnet.

Executive Summary

Kurze Zusammenfassung der wichtigsten Ziele und Inhalte eines Business Plans für wichtige Entscheidungsträger.

Fact Book

Schriftliche Darstellung eines Unternehmens oder Investitionsvorhabens, in der Regel für Kapitalgeber erstellt.

Free Cash Flow

Der freie Cash Flow ermittelt den durch das Projekt generierten Zahlungsstrom, der entweder für weitere Investitionen oder für Rückzahlungen an die Eigen- und Fremdkapitalgeber zur Verfügung steht.

Garbage In – Garbage Out (GIGO)

GIGO bezeichnet ein Prinzip, das besagt, dass ein Finanzmodell nur so gut sein kann wie dessen zugrunde liegenden Annahmen. Wenn die Annahmen schlecht gewählt sind („Garbage“ bzw. „Müll“), dann kann auch das Ergebnis nichts taugen.

GuV

Gewinn- und Verlustrechnung eines Unternehmens.

Informationsmemorandum

Schriftliche Darstellung eines Unternehmens oder Investitionsvorhabens, in der Regel für Kapitalgeber erstellt.

Internal Rate of Return (IRR)

Der IRR bezeichnet den „interner Zinssatz" eines Investitionsvorhabens, er wird häufig auch als Rendite einer Investition bezeichnet. Eine Investition ist dann vorteilhaft, falls die interne Rendite größer als eine vorgegebene Mindestverzinsung des eingesetzten Kapitals ist.

Joint Venture

„Gemeinsames Abenteuer", bezeichnet in der Regel eine Kooperation oder ein Gemeinschaftsprojekt zweier Unternehmen, ohne dass eine vollständige Fusion oder Übernahme erfolgt.

Management Summary

siehe Executive Summary

Mergers & Acquisitions

Fusionen und Übernahmen, bezeichnen den vollständigen rechtlichen und wirtschaftlichen Zusammenschluss von zwei Unternehmen.

Mezzanine-Kapital

Mezzanine (aus dem Italienischen für „Zwischenstock") bezeichnet Kapital, welches Eigen- und Fremdkapitalmerkmale aufweist und in seinem Risiko-Rendite-Profil deswegen zwischen diesen beiden „Standardkapitalquellen" liegt.

Net Present Value (NPV)

Der Kapitalwert (oder Barwert) einer Investition oder eines Investitionsprojekts, ermittelt durch Diskontierung und anschließende Addition der zukünftigen Zahlungsströme.

Net Working Capital

Das Netto-Umlaufvermögen bezeichnet im Unternehmen alle bilanziellen Vermögensgegenstände, die im Rahmen des Betriebsprozesses zur kurzfristigen Veräußerung, zum Verbrauch, zur Verarbeitung oder zur Rückzahlung bestimmt sind, abzüglich der kurzfristigen Verbindlichkeiten.

Question Marks

„Fragezeichen" sind Produkte eines Unternehmens mit geringem Marktanteil und hohem Wachstum, welche meist noch einen negativen Cash Flow generieren.

Payback-Period

siehe Amortisationsdauer

Pitch Deck

Schriftliche Darstellung eines jungen Unternehmens („Start-up") oder Investitionsvorhabens, in der Regel für Kapitalgeber erstellt.

Poor Dogs

„Arme Hunde" bezeichnen Produkte ohne Wachstum und mit nur geringem Marktanteil.

Pre-revenue

Pre-revenue bezeichnet die Phase, in der ein Unternehmen noch keine Umsätze erzielt, sich also am Anfang des „Start-up"-Prozesses befindet.

Pros und Cons

Systematische Zusammenstellung der wichtigsten Pro- und Contra-Argumente für oder gegen (z. B. eine Investition).

Star

Ein „Stern" ist ein Produkt mit hohem Wachstum und hohem Markanteil.

Start-up

Ein frisch gestartetes, junges Unternehmen, welches über ein (vermeintlich) interessantes Geschäftskonzept verfügt, aber bisher noch keine oder geringe Umsätze erzielt.

SWOT-Analyse

Mit einer SWOT-Analyse werden die Stärken (Strenghts), Schwächen (Weak-nesses), Chancen (Opportunities) und Risiken (Threats) eines etablierten Unternehmens oder eines Start-ups systematisch analysiert.

Success Story

Erfolgsgeschichte eines Unternehmens, kann auch zum Vergleich eines neuen Investitionsvorhabens herangezogen werden.

Terminal Value

Der Terminal Value oder Restwert beschreibt in einem Geschäftsplan den verbleibenden Wert eines Investitionsvorhabens zum Ende der Projektionsdauer, also ohne den separat ermittelten Barwert der Cash-flows während der Planungsperiode.

Thesaurierung

Bilanzieller Einbehalt eines erzielten Gewinnes.

Unique Selling Propositions (USP)

Eigenschaften, die ein Produkt oder ein Unternehmen einzigartig im Vergleich zum Wettbewerb machen. USPs ermöglichen häufig die Durchsetzung höherer Preise am Markt und führen damit zu größeren Barwerten eines Investitionsvorhabens.

Weighted Average Cost of Capital (WACC)

Der WACC bezeichnet den gewichteten Kapitalkostensatz eines Unternehmens. Er entspricht den tatsächlichen (auf Basis der Marktwerte oder der Bilanzanteile) gewogenen Kapitalkosten eines Unternehmens oder eines Investitionsvorhabens (Mix aus Eigen- und Fremdkapital) und deren jeweiligen (divergierenden) Kapitalkosten.

Zielgruppe

Eine Zielgruppe (Target Group) sind potenzielle Kunden, die sich durch gleiche bzw. ähnliche Eigenschaften charakterisieren lassen und somit eine fokussierte Ansprache erlauben.

Stichwortverzeichnis